高等教育高职高专"十三五"规划教材
广东省一流高职院校建设计划成果

印品整饰与成型

钟 祯 曹 振 主编
李小东 主审

中国轻工业出版社

图书在版编目（CIP）数据

印品整饰与成型/钟祯，曹振主编．—北京：中国轻工业出版社，2018.11

高等教育高职高专"十三五"规划教材

ISBN 978-7-5184-2039-1

Ⅰ.①印… Ⅱ.①钟…②曹… Ⅲ.①印刷品-整饰-高等职业教育-教材 Ⅳ.①TS88

中国版本图书馆CIP数据核字（2018）第165156号

责任编辑：杜宇芳　　责任终审：劳国强　　整体设计：锋尚设计
策划编辑：杜宇芳　　责任校对：吴大鹏　　责任监印：张　可

出版发行：中国轻工业出版社（北京东长安街6号，邮编：100740）
印　　刷：北京君升印刷有限公司
经　　销：各地新华书店
版　　次：2018年11月第1版第1次印刷
开　　本：787×1092　1/16　印张：8
字　　数：210千字
书　　号：ISBN 978-7-5184-2039-1　定价：32.00元
邮购电话：010-65241695
发行电话：010-85119835　传真：85113293
网　　址：http://www.chlip.com.cn
Email：club@chlip.com.cn
如发现图书残缺请与我社邮购联系调换

151191J2X101ZBW

东莞职业技术学院重点专业建设教材编委会

主　任：贺定修
副主任：李奎山
成　员：王志明　陈炯然　卞建勇　刘忠洋　李小东
　　　　李龙根　何凤梅　范明明　胡选子　郭　洁
　　　　石文斌　颜汉军　杨乃彤　周　虹

总 序

依据生产服务的真实流程设计教学空间和课程模块,通过真实案例和项目激发学习者在学习、探究和职业上的兴趣,最终促进教学流程和教学方法的改革,这种体现真实性的教学活动,已经成为现代职业教育专业课程体系改革的重点任务,也是高职教育适应经济社会发展、产业升级和技术进步的需要,更是现代职业教育体系自我完善的必然要求。

近年来,东莞职业技术学院深入贯彻国家和省市系列职业教育会议精神,持续推进教育教学改革,创新实践"政校行企协同,学产服用一体"人才培养模式,构建了"学产服用一体"的育人机制,将人才培养置于"政校行企"协同育人的开放系统中,贯穿于教学、生产、服务与应用四位一体的全过程,实现了政府、学校、行业、企业共同参与卓越技术技能人才培养,取得了较为显著的成效,尤其是在课程模式改革方面,形成了具有学校特色的课程改革模式,为学校人才培养模式改革提供了坚实的支撑。

学校的课程模式体现了两个特点:一是教学内容与生产、服务、应用的内容对接,即教学课程通过职业岗位的真实任务来实现,如生产任务、服务任务、应用任务等;二是教学过程与生产、服务、应用过程对接,即学生在真实或仿真的"产服用"典型任务中,也完成了教学任务,实现教学、生产、服务、应用的一体化。

本次出版的系列重点专业建设教材是"政校行企协同,学产服用一体"人才培养模式改革的一项重要成果,它打破了传统教材按学科知识体系编排的体例,根据职业岗位能力需求以模块化、项目化的结构来重新架构整个教材体系,较于传统教材主要有三个方面的创新:

一是彰显高职教育特色,具有创新性。教材以社会生活及职业活动过程为导向,以项目、任务为驱动,按项目或模块体例编排。每个项目或模块根据能力、素质训练和知识认知目标的需要,设计具有实操性和情境性的任务,体现了现代职业教育理念和先进的教学观。教材在理念上和体例上均有创新,对教师的"教"和学员的"学",具有清晰的导向作用。

二是兼顾教材内容的稳定与更新,具有实践性。教材内容既注重传授成熟稳定的、在实践中广泛应用的技术和国家标准,也介绍新知识、新技术、新方法、新设备,并强化教学内容与职业资格考试内容的对接，使学生的知识储备能够适应社会生活和技术进步的需要。教材体现了理论与实践相结合，训练项目、训练素材及案例丰富，实践内容充足，尤其是实习实训教材具有很强的直观性和可操作性，对生产实践具有指导作用。

三是编著团队"双师"结合，具有针对性。教材编写团队均由校内专任教师与校外行业专家、企业能工巧匠组成，在知识、经验、能力和视野等方面可以起到互补促进作用，能较为精准地把握专业发展前沿、行业发展动向及教材内容取舍，具有较强的实用性和针对性，从而对教材编写的质量具有较稳定的保障。

东莞职业技术学院重点专业建设教材编委会

前　言

印品整饰与成型是印刷的三个工序之一，它是产品形成的关键和缺一不可的一环，同时它能够为印刷品带来额外的增值服务，因此它的重要性不言而喻。为了更好地使教学更加贴近企业生产，在全国轻工教学指导委员会的统一规划以及中国轻工业出版社大力协助下，编者深入企业一线，了解实际的产品以及生产过程，以项目化的形式融合印后工艺的知识，理论与实践相结合的方式，编写本教材。

本教材根据印刷媒体技术专业的人才培养方案，结合实际的不同种类印刷产品的不同印后工艺，以实际的产品为案例，将不同的印后工艺整合，全书分为三大项目，八个任务。项目一主要是介绍封面需要覆膜的胶装书的制作；项目二介绍封面需要烫金的精装书的制作；项目三介绍了需要进行上光效果的包装盒型产品的制作。项目中既包含了基本的理论，原理，材料以及工艺过程，同时也包括了实际操作过程，实现理实一体化教学的效果。

本教材由东莞职业技术学院钟祯以及东莞职业技术学院曹振主编，当纳利东莞印刷有限公司彭宪军、永发印务（东莞）有限公司葛纪者、东职融兴印务中心、东莞市晟图机械设备有限公司、东莞职业技术学院龚修端、李娜、王旭红、魏华、张彦粉、李伟参编，由东莞职业技术学院李小东主审。

本教材的编写得到了当纳利东莞印刷有限公司、永发印务（东莞）有限公司、东职融兴印务中心、东莞市晟图机械设备有限公司的大力支持与帮助，在此对参与编写的各位和为本书编写提供帮助的所有人再次一并表示感谢。

虽然本教材倾注了编者大量的心血，但是由于编者的学识水平以及资料收集范围有限，书中难免出现疏漏以及谬误，恳请广大读者批评指正。

编者

目 录

项目一 胶装书制作

任务一　书籍装订基本知识 …………………………………………………………… 1
　　一、装订基本知识 …………………………………………………………………… 1
　　二、纸张基本知识 …………………………………………………………………… 3
任务二　胶装书书芯制作 ………………………………………………………………… 4
　　一、裁切 ……………………………………………………………………………… 4
　　二、折页 ……………………………………………………………………………… 7
　　三、配页 …………………………………………………………………………… 14
　　四、订书 …………………………………………………………………………… 17
　　五、包封面 ………………………………………………………………………… 20
　　六、裁切 …………………………………………………………………………… 21
任务三　胶装联动生产线实践操作 …………………………………………………… 22
　　一、胶装联动生产线概述 ………………………………………………………… 22
　　二、无线胶订联动生产线 ………………………………………………………… 22
　　三、锁线胶订联动生产线 ………………………………………………………… 30
任务四　封面覆膜制作 ………………………………………………………………… 31
　　一、覆膜基础知识 ………………………………………………………………… 31
　　二、覆膜的准备 …………………………………………………………………… 32
　　三、覆膜工艺设备 ………………………………………………………………… 34
　　四、覆膜质量要求 ………………………………………………………………… 37
　　五、覆膜常见故障分析及解决办法 ……………………………………………… 38

项目二 精装书的制作

任务一　封面烫印 ……………………………………………………………………… 40
　　一、烫印的基本知识 ……………………………………………………………… 40
　　二、电化铝烫金 …………………………………………………………………… 42
任务二　精装书制作 …………………………………………………………………… 56
　　一、精装书介绍 …………………………………………………………………… 56

二、精装书制作工艺 …………………………………………………… 56
三、书壳制作 …………………………………………………………… 58
四、书芯制作与加工 …………………………………………………… 62
五、精装书套合 ………………………………………………………… 65
六、压槽成型 …………………………………………………………… 66
七、精装书加工的质量标准与要求 …………………………………… 67

项目三　盒型产品的制作

任务一　产品上光 ………………………………………………………… 69
　一、上光基础知识介绍 ………………………………………………… 69
　二、上光工艺设备 ……………………………………………………… 73
　三、影响上光的因素 …………………………………………………… 80
　四、上光故障分析 ……………………………………………………… 81
　五、上光新技术 ………………………………………………………… 82
任务二　产品模切压痕 …………………………………………………… 83
　一、模切压痕基础知识介绍 …………………………………………… 83
　二、模切版制作 ………………………………………………………… 84
　三、制作底模版 ………………………………………………………… 96
　四、模切压痕工艺过程 ………………………………………………… 99
　五、模切压痕设备 ……………………………………………………… 101
　六、模切压痕工艺操作过程（以 MK1060 为例讲解）………………… 104
　七、模切压痕故障分析 ………………………………………………… 114

参考文献 …………………………………………………………………… 117

项目一　胶装书制作

项目描述

现有一本胶装书,书籍的封面需要覆膜,该书已经过印刷工艺得到印张,需将印张通过印后装订的工艺制作一本胶装书。

项目分析

根据印刷好的样张中正确分析折页以及配页的方法,然后利用设备完成书芯的制作;选择合适的覆膜方式,合适的薄膜以及配置正确的黏合剂,利用覆膜设备完成封面的覆膜,最后将覆膜后的封面与书芯正确地利用胶装设备完成书籍的制作,并进行裁切。

知识目标

能够掌握书籍的基本结构以及书籍制作基本知识。

能够掌握书籍的制作过程。

能够掌握覆膜准备过程以及操作过程。

能力目标

能够根据印后的不同工艺需求,合理地设计印前图文排版。

能够根据印前图文版式编排,判断是否进行开料,设计正确的折页配页方式。

能够操作折页设备以及配页设备、胶装设备、裁切设备。

能够对印张进行覆膜处理。

能够检测印张覆膜质量。

任务一　书籍装订基本知识

一、装订基本知识

1. 书刊装订介绍

印后书刊加工是指印刷以后对印张的订装加工,是将印刷好的一批批分散的半成品页张(包括图表、衬页、封面等),根据不同规格和要求,采用不同的订、锁、粘方法,使其连接起来,再选择不同的装帧方式进行包装加工,成为便于使用、阅读和保存印刷品的加工过程。书刊装订实际上包括订和装两大工序,订就是将书页订成本,是书芯的加工;装饰书籍封面的加工,就是装帧。书籍(含本册)的加工实际上是先订(联)后装(帧)的,由于在加工中是以装为主,故称装订。订联的过程(折、配、订、锁、粘等)称书芯加工,将订联成册的书芯,包上外衣封面的过程称书封加工,也称装帧。总之,装订是印张加工成册的总称。

印刷品的复制过程主要包括印前图文处理、印刷和印后加工三大工序。使印刷品获得所要求的形状和使用性能的生产工序,称为印后加工。不同的印刷品所进行的印后加工是不同的,例如报纸、招贴画、广告宣传单等散页印刷品,印刷后只需进行裁切、计数、打包等加工工序;而图书、课本、杂志等印刷品,加工过程则较为复杂。印刷好的半成品页张(包括图表、衬页等)经过裁切、折页、配贴等工序,再利用不同的连接材料,采用订、锁、粘的方法使其连接起来("订"的过程),最后包上印刷好的封面("装"的过程)并按规格尺寸切去三边,才成为一本完整、可供阅读和保存的书籍。

印后加工不仅要对书籍进行"装"和"订",还要对书籍封面进行各种整饰处理。在书籍封皮或其他印品进行上光、覆膜、烫金、模切、压痕或其他加工处理,叫作表面整饰。表面整饰不仅提高了书籍的艺术效果,而且具有保护书籍的作用。例如,在封面纸张上涂布一层无色上光油,可使高档杂志和书籍的封面具有较高的光泽度且能保护封面上的图案和文字;在封面上压粘一层透明塑料薄膜(该工艺称为覆膜),达到可耐磨、防水、防污染的要求;还可对书籍封面上的文字和图案进行压凹凸处理,使其凸出表面,醒目、秀丽而富有立体感。

综上所述,书刊、本册的制作主要有三大工序,即印前处理、印刷和印后加工。其中,印后加工阶段又包含了书刊本册的装订加工和表面整饰两大工序。

2. 书籍基本结构(图 1-1-1)

① 版面。指书刊或报纸一页纸的幅面(包括图文和空白部分)。书刊的版面即为幅面,报纸的版面为幅面的对折。

② 版心。版面的中心区域,内排文字、插图和表格等,一般用每页多少行,每行多少字来表示。

③ 书眉。又称页眉,为便于查阅而在版心上端加印的供检索的条目。

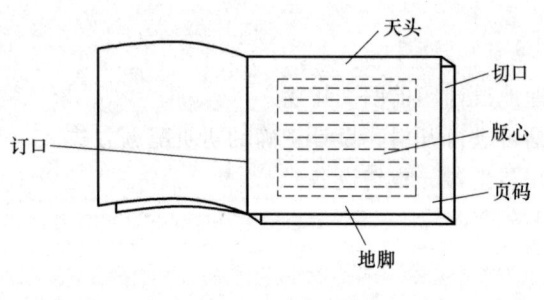

图 1-1-1 书刊结构图

④ 天头。书页正文上面的空白部分。

⑤ 地脚。书页正文最下一行字字脚以下的空白部分。

⑥ 订口。版心内侧的空白部分,不同的装订方法,白边宽度稍有不同。

⑦ 切口。版心外侧的白边部分,又称外白边或翻口。

⑧ 页码。每页上印的号码,表示版面页数顺序的编码,有单码和双码之分。

平装书刊的封面可分为有"勒口"和无"勒口"两种。所谓"勒口"是指平装技术本外切口处留有部分封面折转到里封去的折痕。"勒口"又称"折口"。有无"勒口"在装订工艺上有很大差别，无"勒口"的平装书称为普通平装书。它是先包上封面后进行三面裁切成为光本的。有"勒口"的平装书称为"勒口"平装书，它是先将书芯切口裁切好后上封面，再将封面宽出部分折转到里封去，最后再进行天头、地脚的裁切而成为光本的。由此可见，"勒口"平装书比无"勒口"平装书增加了两道工序，"勒口"一般都用手工折出"勒口"平装书美观，但成本较高。包本机所包的封面都是无"勒口"平装书的封面。

二、纸张基本知识

1. 纸张的幅面

纸张幅面指纸张的尺寸规格，印刷用纸分为平张纸和卷筒纸两种规格，根据国家标准，卷筒纸的尺寸规格主要是指纸张的宽度，平张纸的尺寸规格主要是指纸张的长度和宽度（如表1-1-1所示）。

表 1-1-1　　　　　　　　　常见的纸张幅面

纸张规格	纸张幅面尺寸/mm	
卷筒纸	787、880、900、1092、1230、1280、1400、1562、1575	宽度允许误差3mm
平张纸	787×1092、850×1168、787×960、690×960、880×1092、1000×1400、900×1280、890×1240	长宽允许误差3mm

开数指将一张完整的平张纸裁切成幅面相等的数份纸张，即是全张纸的几分之一。一张完整的未裁切的纸张称为全张纸。如果将一张完整的平张纸裁切成两张幅面相等的纸张，那么裁切后得到的纸张称为对开（2开），如果将一张完整的平张纸裁切成四张幅面相等的纸张，那么裁切后得到的纸张称为四开（4开），以此类推，能够得到8开、16开、32开。如图1-1-2所示。

小贴士：开本也常常指书刊幅面的规格大小，把全开纸裁切成面积相等的若干纸张称之为多少开数；将它们装订成册，则称为多少开本。常见的有32开（多用于一般书籍）、16开（多用于杂志）、64开（多用于中小型字典、连环画）。由于全张的平张纸尺寸有正度纸、大度纸不同的尺寸，因此同是16开的书籍，根据全张纸的尺寸不同，分别对应有小16开，大16开，特16开以及超16开。

2. 纸张定量

纸张定量是指纸张和纸板每平方米的质量，也称为克重，单位是 g/m²。

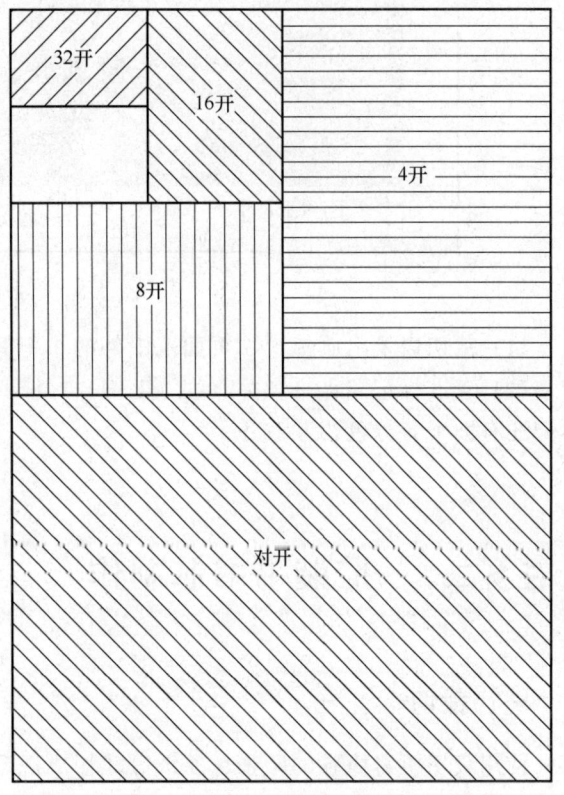

图 1-1-2　纸张开本

纸张定量其实是表示纸张厚薄的概念，纸张定量越大，相同的面积，纸张的厚度也就越厚。常用的纸张定量有：50g/m²，60g/m²，70g/m²，80g/m²，105g/m²，128g/m²，157g/m²，200g/m²。

小贴士：印刷中常常提到 70g、157g 的纸张，指的就是纸张的定量：70g/m²，157g/m²。

3. 纸张令数

在书刊印刷中，用纸量很大，因此用纸的数量计算不方便，在印刷行业中，以令为单位计算，1 令纸为 500 张全张纸。

4. 印张

印刷用纸的计量单位。一全张纸有两个印刷面即正、反面。规定以一全张纸的一个印刷面为一印张。

5. 印张标记（图 1-1-3）

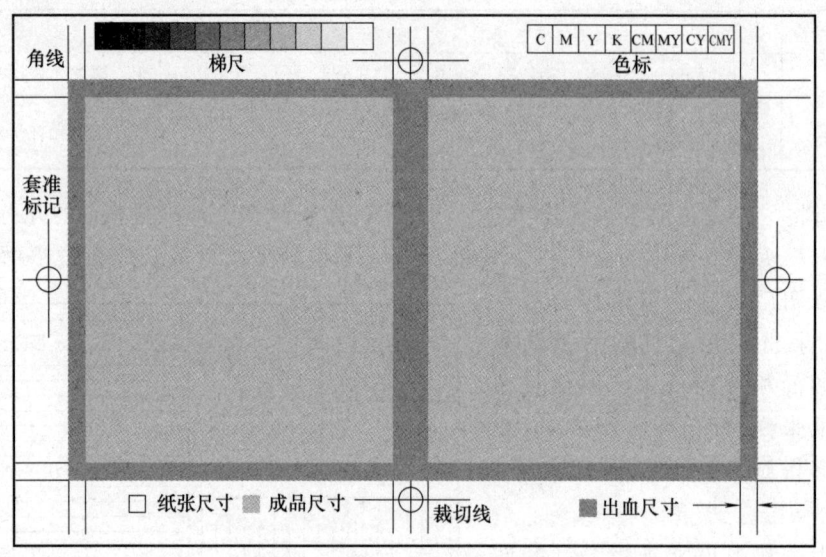

图 1-1-3　印张标记

（1）裁切以及出血标记　页面范围外的小靶标，用于对齐彩色文档中的各分色。

（2）套准标记　水平和垂直细（毛细）标线，用来划定对页面进行修边的位置。裁切标记还有助于各分色相互对齐。

任务二　胶装书书芯制作

一、裁切

使用裁切机将撞齐的印张、原纸等裁切成规定的尺寸，或者将装订成毛本的书册按规定的尺寸裁切成光本书册操作过程。单面切纸机的裁切加工，我们通常称为开料；而三面切书机的裁切加工，我们通常称为切书。虽然单面刀也能裁切毛本书，但大多为样书或小批量书册。

1. 裁切设备结构介绍

单面切纸机是裁切机械的一种，使用范围广泛，可以用于单张纸、皮革、塑料、纸板等材料的切断。切纸机主要由推纸器、压纸器、切刀、裁切条、侧挡板、裁切台等组成，如图 1-2-1 所示。推纸器用于推送纸张定位并做后规矩、压纸器则将定好位的纸张压紧，保证在裁切过程中不破坏原定位精度，裁刀和刀条用来裁切纸张，侧挡板做侧挡规，工作台起支撑作用。

2. 裁切操作过程

单面切纸机工作主要分为上纸→裁切→下纸。上纸主要是将需要裁切的纸叠通过机器或人工撞纸理齐后，放到切纸机的工作台上。下纸就是将裁切好的纸叠整齐地放置到台板上。裁切过程如下：

（1）输入裁切数字　根据被裁切纸张尺寸输入裁切数字，推纸器位置移动后确定裁切前后位置。需要说明的是，所输入的数字应为推纸器位置确定后，推纸器的最前端到裁刀下落刀口的直线距离，即裁刀里端的纵向距离。

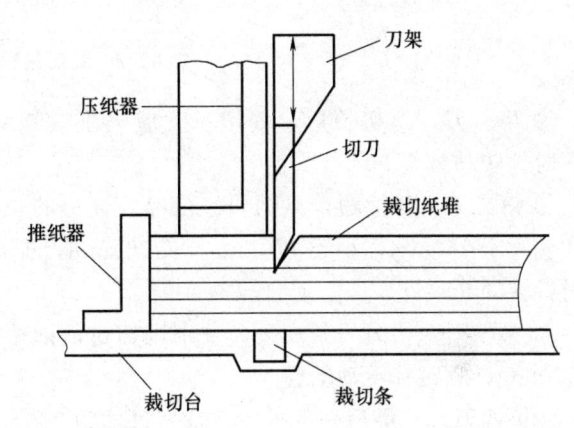

图 1-2-1　裁切设备结构图

（2）尺寸定位　将已经撞齐的纸叠紧靠推纸器前表面和侧挡板，进行纸张初定位。再使推纸器按尺寸要求将纸叠推送到裁切线上，完成纸张的尺寸定位。

（3）压紧定位　脚踩踏板，压纸器下落，将纸叠紧紧压住，排除其中空气，进行压紧定位，防止纸叠在裁切过程位置发生移动，影响裁切质量。

（4）裁切　用左右手同时点动按钮，裁刀下落，将纸叠切断（在连续切纸过程中，压纸器是先下降进行压紧定位，稍后裁刀下落裁切纸张）。裁切完毕裁刀先离开纸叠返回初始位置，而后压纸器再上身复位（压纸器和裁切刀实际上几乎同时复位），取出被裁切物，再进行下一工作循环。

3. 项目裁切

切纸机在裁切纸张时，应该有一个裁切过程的设计，即先切哪一边，切多少，后切哪一边，切多少尺寸，要充分考虑需要多少次裁切才能完成任务。尤其是一些复杂的分切、分切套四边切，在裁切之前，一定要设计好最佳裁切顺序，算好每一刀的尺寸，然后编程，系统地输入切纸机控制面板中，而不是在控制面板中输完某一个裁切数字就立刻进行裁切。

下面就是较为常见的四面切（如图 1-2-2 所示）和分切实例。

（1）白料四面切　如：某白料未裁切的幅面尺寸 770mm×540mm，成品尺寸 760mm×520mm。

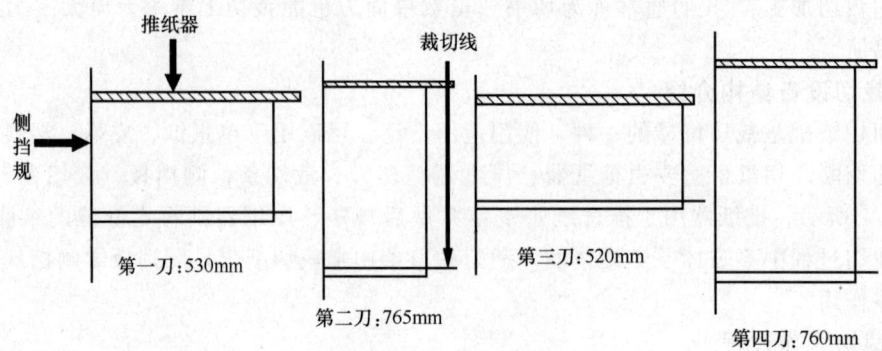

图 1-2-2　裁切过程图

① 第一刀。先切长边，裁切尺寸应大于 520mm，小于 540mm，取中间值 530mm，并顺时针转动纸叠 90°。

② 第二刀。切短边，以刚切好已经为光边的长边为标准（规矩）边来切短边，裁切尺寸应大于 760mm，小于 770mm，取 765mm，即推纸器移动后纵向距离为 765mm，再顺时针转动 90°。

③ 第三刀。切另一条长边，分别以切过的两个长短光边为标（规矩）边，裁切尺寸为 520mm，顺时针转动纸叠 90°。

④ 第四刀。切最后一条短边，裁切尺寸为 760mm。

以上就是白料四边的裁切顺序。先在控制面板中确定一个程序，并命名做好标记，再分别输入四次裁切的尺寸，执行裁切时，推纸器就会自动移动，确定好空间大小，操作人员就只需转动纸叠了。

（2）分切实例　某白料未裁切幅面尺寸为 770mm×540mm，成品尺寸 260mm×186mm，根据裁切尺寸要求，裁切顺序（不考虑纸张丝缕方向）如图 1-2-3 所示。

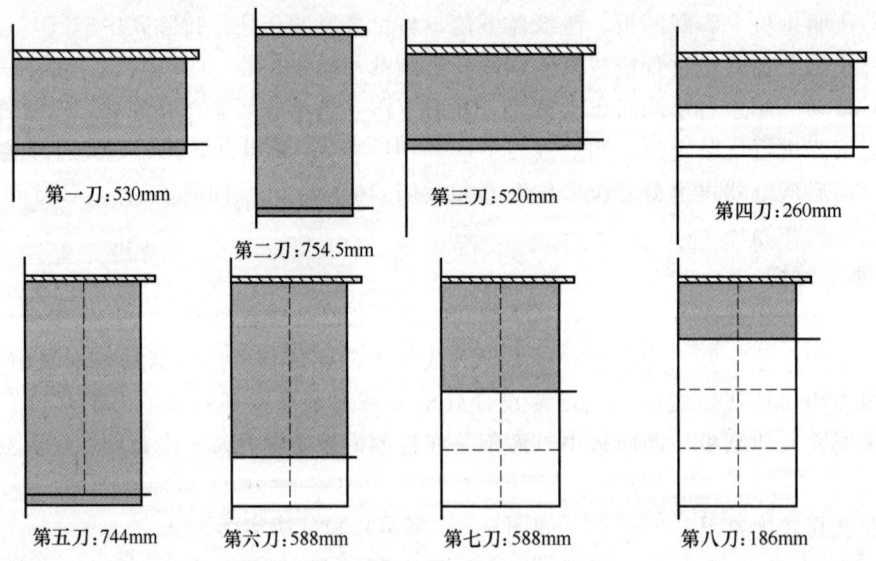

图 1-2-3　分切实例

① 第一刀。切长边，尺寸应大于 520mm，小于 540mm，取 530mm，转动 90°。
② 第二刀。切短边，尺寸应大于 744mm，小于 765mm，取 754.5mm，转动 90°。
③ 第三刀。再切长边，尺寸取 520mm。
④ 第四刀。分切长边，尺寸取 260mm，转动纸叠 90°。
⑤ 第五刀。再切短边，尺寸 744mm。
⑥ 第六刀。分切短边，尺寸 558mm。
⑦ 第七刀。分切短边，尺寸 372mm。
⑧ 第八刀。分切短边，尺寸 186mm。

小贴士：第四刀是分切长边，而不是切最后一个短边，因为在切第四刀时，纸叠的两个规矩边已为光边，可以保证尺寸的精确性。先分切长边，可减少一次转动纸叠的次数，节省时间，纸叠被弄散的可能性也少一点。

第六刀裁切尺寸不可为 372mm。此处读者可能会有疑问，若切 372mm，然后再将两个纸叠堆起，再切 186mm，则可减少一刀，节省一点时间。其实不然，主要原因是这种切法需人工将纸叠堆起，反而会浪费更多时间，并有将纸叠弄散的可能性，而切 558mm，再切 372mm，最后 186mm，则完全可以利用切纸机的推纸器自动依次向前推进完成，最大程度地利用机器的自动化，可节省时间，保证裁切质量。

如果是分切套四边切，就是将上述的两种切法优化组合，其过程相类似。

4. 裁切的质量标准

单面切纸机的裁切质量要求
（1）裁切大版书料，误差＜1.0mm，裁切插图及跨页拼图，误差＜0.3mm。
（2）裁切封皮、卡纸，误差＜0.5mm。
（3）裁切双联料，误差＜0.5mm。
（4）裁切白纸板类不吊角，误差＜0.3mm。
（5）裁切套书、丛书，封面规矩应一致，书背高度一致，误差＜1.0mm。
（6）裁切覆膜护封，四边光滑无毛边，无开裂。

二、折页

把印张按照页码顺序折叠为规定的幅面大小，称为折页。

1. 折页基础知识

折页形式随着版面排列方式的变化而变化，而且在选择折页方式时，需要考虑到书芯的规格，纸张厚薄等因素的影响。

折页的形式可以分为平行折、垂直折和混合折三种形式，如图 1-2-4 所示。
（1）平行折：相邻两折的折线相互平行的折页方法。平行折又可分为风琴折、关门折、对对折等，如图所示。平行折多用于折叠长形条的页张和纸张较厚的宣传册、字帖、地图等。
（2）垂直折：相邻两折的折线相互垂直的折页方法。
（3）混合折：在同一书帖中既有平行折也有垂直折的折页方法。

2. 折页形式的选择

根据不同的排版方式选择折页方式。由于折页需要按照页码顺序完成，因此不同的页码顺序会产生不同的折页方式，在此列举常见的页码排列方式及其折页方式，如图1-2-5所示。

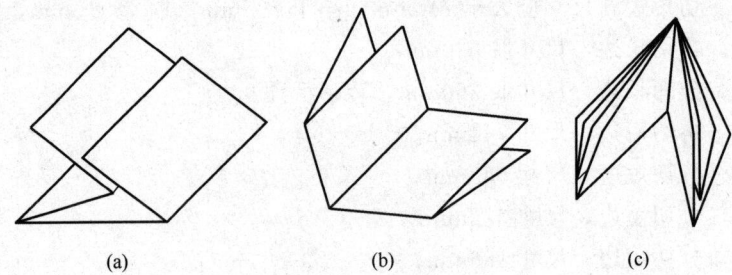

图 1-2-4　折页形式
(a) 平行折　(b) 垂直折　(c) 混合折

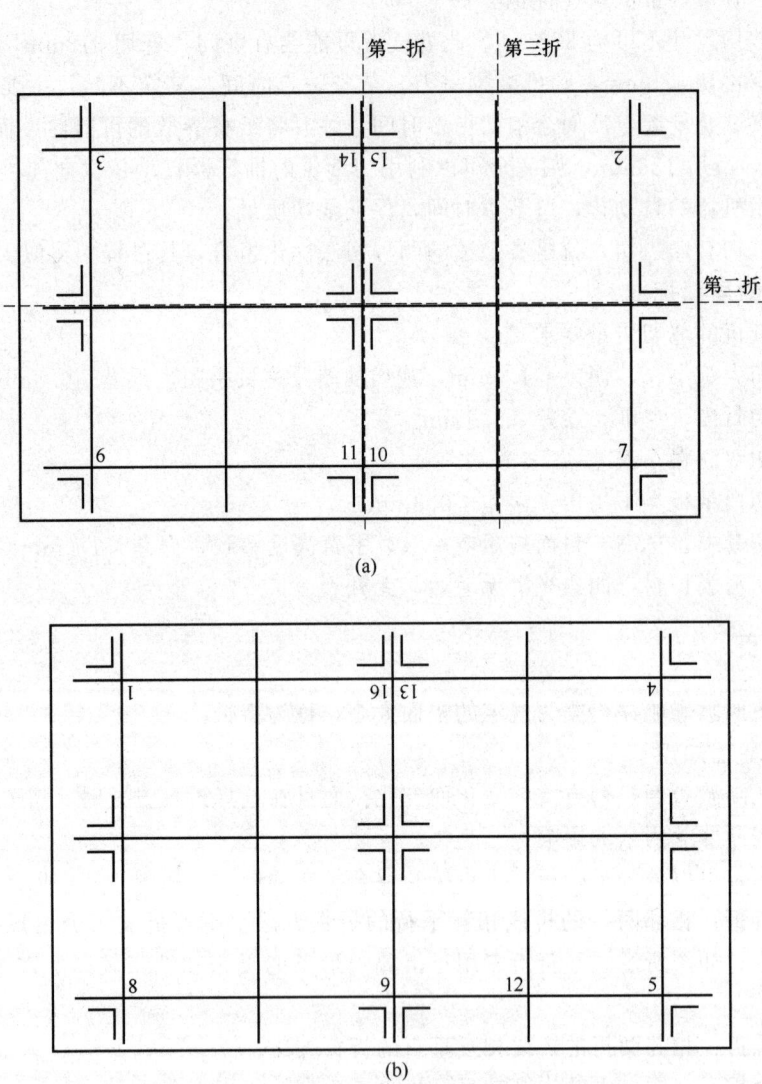

图 1-2-5　折页实例图
(a) 正面　(b) 反面

为了使得印张经过折页之后达到规定的幅面大小,且页码顺序是正确的,根据上图的排版方式,如图所示,如果要实现折页的目标,需要按照上述的折页方法才能实现。因此如果不同的排版方式时,折页方法也会随之变化。同时反过来,在做排版设计时,需要提前设计好后期的折页方式,不能够随意地排版,需要保证排版设计的方案后期能够使用一定的折页方式实现。

小贴士:$59g/m^2$ 以下的纸张最多折四折,$60\sim80g/m^2$ 的纸张最多折三折,$81g/m^2$ 以上的纸张最多折两折;而印前的排版需要综合考虑纸张能够折页的折数以及折页工艺进行排版。排版时一般来说,页面1和页面2成对出现,分别是一张纸的正反两面;同样页面3和页面4成对出现,分别是一张纸的正反两面,依次类推。

3. 折页设备

单张纸折页设备根据折页机构的不同可分为刀式折页机、栅栏式折页机和栅刀混合折页机。根据折出印张的折痕可分为平行折折页机和混合折折页机。

(1) 刀式折页机

① 刀式折页工作原理。刀式折页机折页机构主要由折刀和折页辊及盖板、规矩部件组成。刀式折页机构较复杂,占地大,惯性大,折页速度较低,但在进行较厚印张多折折页时,精度高。

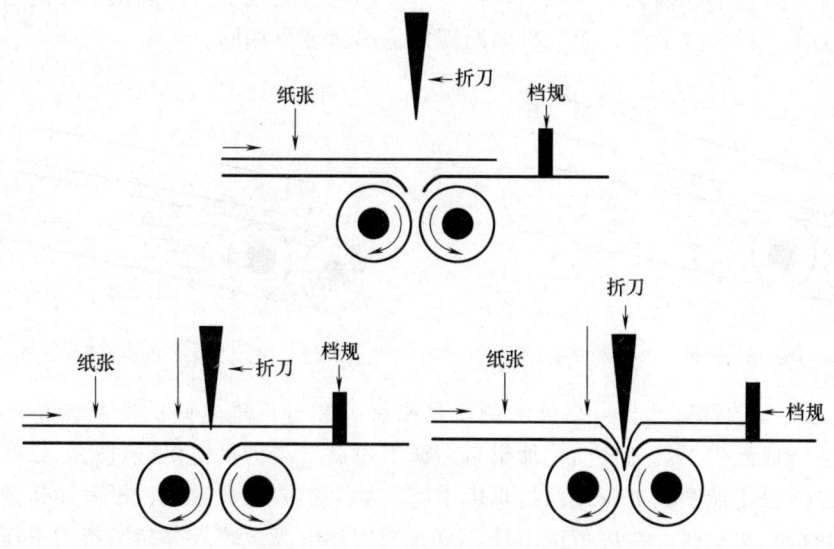

图 1-2-6 折页原理图

印张由输送机构送至折页辊上面的盖板上,经规矩定位后,折刀下落,将印张压入两根折页辊之间,折刀下落到距离折页辊中心线大约4mm左右时,开始向上返回。印张在折页辊带动下,继续向下完成折页。两折页辊中,一根为固定折页辊,只做旋转运动,另一根是浮动折页辊,除做旋转运动外,还随印张的厚度变化相应浮动,以保证折页精度,如图1-2-6所示。如果是多折折页,在折页机上就要多安装几组折页机构。

如上述原理,第一折页完成后,切断刀在印张中间进行切断,打孔刀在二折线上进行打孔,被切断和打孔的一折书帖由传送带传送到二折工位,重复一折过程,如此反复完成三折和四折。

② 刀式折页机主要机构。

a. 折刀。折刀运动形式很多，一般有往复摆动式和往复移动式两种。利用凸轮摆杆机构使折刀往复摆动，凸轮转动推动滚子，使摆杆往复摆动，折刀安装在摆杆上，也随摆杆往复摆动，完成折页工作。往复摆动机构结构简单，占空间少，但往复摆动惯性大，精度低，主要用在四折页组组成的刀式折页机的第三、四折页组。

往复移动式折刀机构复杂，占空间大，往复移动惯性较小，控制精度高，多用于大幅面的第一、二折页组。小型刀式折页机一般采用往复摆动式折刀运动机构。

b. 折页辊。刀式折页机每个折页组都有两个折页辊，一个是固定折页辊，一个是浮动折页辊，以适应书页厚度变化。固定折页辊做旋转运动，浮动折页辊既做旋转运动又可以移动。

③ 刀式折页机的调节。刀式折页机调节主要包括：折刀平行度调整、折刀高低调整、折刀、折辊的中心位置调整以及折页辊的调节。

a. 折刀平行度的调整。折刀的调节，首先应该调整好折页辊的松紧程度，然后再调节折刀。折刀的平行度调节是指折刀两头高低的调节。折页时要求折刀与折页辊的轴线平行切入，所以折刀要与折页辊的轴心线保持平行，使页张被压入两折页辊缝的两端高低要一致，如图1-2-7、图1-2-8所示。校正的标准是将两个19mm直径的小球置于二根折辊之间，使折刀刃口刚好接触一只小球，使折刀刃口与折页辊平行，确认折刀的自身两端完全平衡。这样不仅折页平稳，而且折帖两端的输出速度也相同。

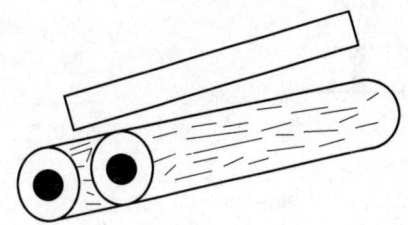 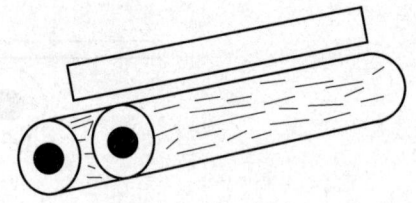

图1-2-7　折刀不平行　　　　　　　图1-2-8　折刀平行

b. 折刀高低的调整。折刀高低的调整是指折刀和折页辊之间的距离调整。折刀过高或过低都会造成纸张无规则弯曲。如果折刀调节过高，与折页辊接触过远，纸张输送速度就会变慢或纸张不能顺利被压入两折页辊中间。如果折刀调节过低，纸张输送速度就会加快或折刀和折页辊相碰，造成折纸不稳、页张皱褶和纸张破碎等弊病。折刀下压的时间与折页辊工作时间要配合协调，其下降距离（折刀距离两折辊间中心连线的距离h）一般应为3mm左右，并处于两折页辊的轴心，在开慢车时折页书帖应该能被正常折下，如图1-2-9、图1-2-10所示。

c. 折刀和折页辊的中心位置调整。折刀的刀刃要对准两折页辊间的缝隙中间，如图1-2-11所示，刀片的位置不在两根折页辊之间，向某一个方向偏离，刀片向下动作时，刀片与折页辊之间就会将纸张夹住（拖住）。刀片上升时，会将纸张带上，造成折页不稳定或折纸歪斜。

折页辊的调节。纸张沿侧规由输页辊将纸张送入两个相对旋转的折页辊内，通过栅栏档规迫使纸张弯曲成帖。折页辊在栅栏式折页机中，主要起输送、折页的作用。折页辊是

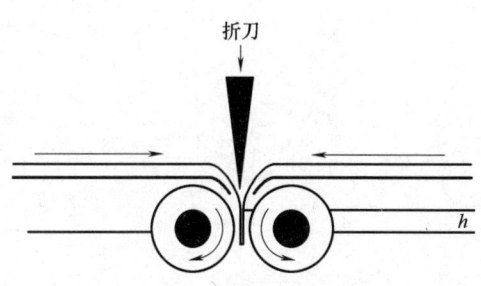

图 1-2-9　折刀高度的调节

图 1-2-10　折刀高度的调节按钮

折页机的心脏，折辊的好坏、精度的高低决定了折页的精度。无论折页机、刀式折页机，还是混合式折页机，折页辊都是必不可少的核心部件，主要由折页辊精度控制。折页辊本身精度越高，其折页精度越高。

折页辊的调节是指对折辊间隙的调整。每对折页辊的间隙松紧要适度，折页辊间压力过小，纸张不易进入折页辊；折页辊压力过大，纸张就容易被压皱。

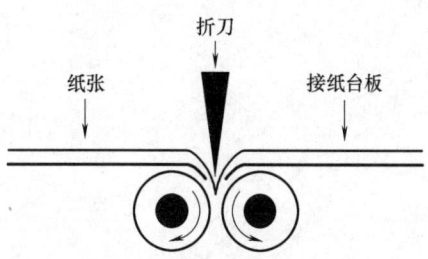

图 1-2-11　折刀位置调节

④ 刀式折页的特点。刀式折页机折页精度较高，书帖折缝压得实，对纸张的要求较低，对于薄纸以及较软的纸张也能够进行折页，对于大幅面的纸张也可以进行折页，该设备可对折页的最大幅面为全张纸。该设备操作简单，当改变这样方式时，调节机器所需时间少，但是由于该设备折页依赖于折刀的惯性运动，因此折页速度低，因此常作为折二折、三折、四折常用的折页机机构。

（2）栅栏式折页机

栅栏式折页机结构简单，占地少，速度高，但在进行较厚印张的多折折页时，折页精度较低。

① 栅栏式折页机工作原理。栅栏式折页机机构由折页辊、折页栅栏以及挡规组成。该机构每组有 3 个折页辊，当输纸机构将印张送到折页机构后，上下两个折页辊将印张传送到折页栅上，当印张到达栅栏式挡纸板后，在两个下折页辊的推动下，印张进入相对旋转的两个折页辊之间的缝隙中，折页辊的相对运动对纸张产生摩擦力，这个摩擦力带动印张通过折页辊，将折缝压实完成折页工作。如图 1-2-12、图 1-2-13 所示。

② 栅栏式折页主要机构。

a. 折页栅栏。折页栅栏又称篱笆，由上栅栏和下栅栏组成。两片栅栏之间安装有挡规，用来控制纸页宽度，挡规可进行高度和平行度调整，还可使栅栏封闭不用。折页栅栏倾斜安装，一般安装角为 30°。栅栏可以升降，一般角度保持不变。这样既可减少折页机高度，又使印张顺利进入栅栏。栅栏的宽度大于印张最宽尺寸，印张进入栅栏后与栅栏两侧保持一定空隙，使之自由移动。

b. 折页辊。栅栏式折页机每组折页辊共有 3 根。由于被折印张或书页厚度变化，辊间间隙应可调，因此，每对折页辊中有一个轴套可以移动的浮动辊，浮动辊可周向转动也

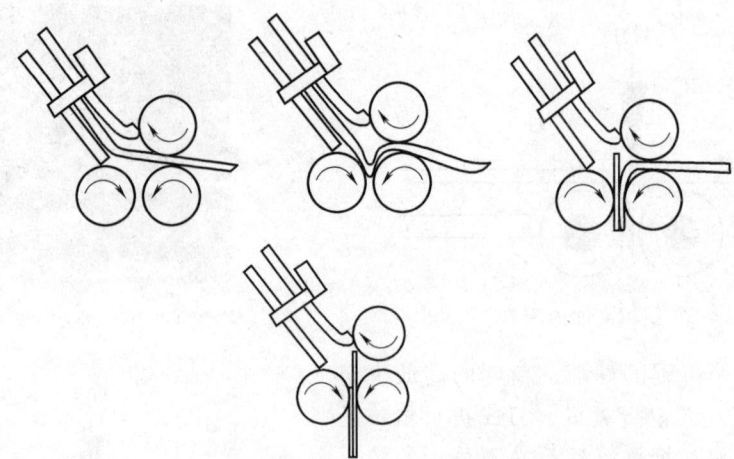

图 1-2-12 栅栏式折页过程图

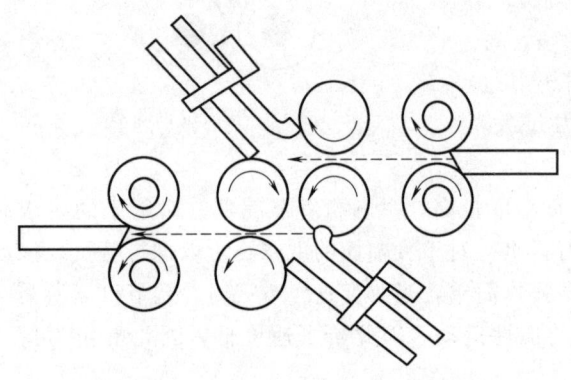

图 1-2-13 栅栏式折页两折过程图

可调节间隙；另一根折页辊为固定辊，只能作周向转动。使浮动辊与固定辊间保持一个极小的间隙，在工作时产生对被折书帖的挤压力，从而带动印张随折页辊运动，完成折页。

③ 栅栏式折页机的调节。栅栏式折页机的调节主要包括折板尺寸的调节、栅栏的使用和闭合、栅栏唇舌板的位置调节。

a. 折板的尺寸（上下方向）调节。折页的宽度是由挡纸规直接进行控制，挡纸板的限制而得到纵向定位。在调整时，用尺量一下折叠纸张的对折尺寸，挡纸板是纸张定位的依据，当印张上升受到可先用手折二张所要求的书页，以提供尺寸拧松折板调节轮上的固紧螺钉，转动折板尺寸调节手轮，通过手轮小轴上的小齿轮拨动同步皮带，带动或者拉动前挡规的位置，达到调节前挡规距离的目的，如图 1-2-14、图 1-2-15 所示。调节尺寸可以参考前挡板的联动刻度尺调整挡纸规距离。

图 1-2-14 栅栏板图

图 1-2-15 栅栏板的尺寸调节图

b. 栅栏的使用和闭合。折页机每组栅栏板都装有摆动式纸张转向板。当不需要纸张进入栅栏时,由纸张转向板引导纸张通过折页辊向前传送。对不使用的折页栅栏应进行封闭,栅栏摆动式转向机构就是用来切换栅栏的使用与闭合的。如图 1-2-16 所示。

c. 栅栏唇舌板的位置调节。栅栏板与折页辊之间形成三角形空间,空间大小及栅栏板间距的大小会影响折页精度。栅栏唇舌板的作用是,使栅栏的进纸口适合不同厚薄纸张的需要。若遇到厚纸或硬纸时,由于硬纸具有一定的弯折抗力,因此要扩大它的折叠空间,调节时栅栏下前唇板应上移,使栅栏板与折页辊之间形成的三角空间增大,适应厚纸(克重大的纸张)折页,但也不能过远,过远时影响折页精度。反之若遇到薄纸时,栅栏下前唇舌板应下移,使栅栏板与折辊之间形成的三角空间减小,适应薄纸(低克重纸张)接纸折页,否则就会产生栅栏折页弓皱、阻塞等弊病,但也不能太近,太近容易产生重叠或错误折叠缺陷,如图 1-2-17 所示。

图 1-2-16　栅栏板使用与闭合调节图

图 1-2-17　薄厚纸间隙调节图

④ 栅栏式折页的特点。栅栏式折页机机身小,占地面积小,折页速度快,具有较高的生产效率,操作方便,维修简单,但是栅栏式折页机对纸张的要求较高,当纸张为较硬或是薄而软的纸张时,折页精度较低,当纸张平滑度较高时,折缝的压实度较低,而且栅栏式折页机所能折页的最大纸张幅面为对开。

(3) 栅刀混合折页设备　栅刀混合式折页机既有栅栏式折页机构,又有刀式折页机构,同时利用两种折页机构的优点,将两种折页机构集成在一台设备上,栅刀混合折页机由 2~5 个折页组组成。第 1、2 折页组采用栅栏式折页机构,后面的折页组采用刀式折页机构,这样就利用了栅栏式结构速度快和刀式折页机构精度高,折缝压实的优点。

4. 影响折页的因素

折页机构是折页机上最重要的部分,它的折法选择和调整精度会直接影响折页的质量和精度。因此在折页机构工作前,要对折页机构各部分进行检查和调节,为保持折页质量,减少故障,在使用过程中应严格做到:

① 检查侧规和前规的位置以保证印张的横向和纵向的定位正确。

② 使用栅栏前,要根据不同折数的折页要求,使用或封闭各个栅栏装置,完成一折或几折的多种折页方式与幅面的折叠。

③ 根据折页的方式、不同的折数,使用或关闭各个折刀。

④ 根据折页的方式、纸张的厚度和每折的页数来正确调节折页辊松紧。

⑤ 根据不同的纸张厚薄及要求，使用或关闭划口刀装置。
⑥ 调定折刀的正确位置，书帖折缝的位置要和折刀折页位置相吻合。
⑦ 调节好书帖压实装置的松紧，使书帖紧实、平服、厚度一致。

5. 折页工艺要求以及质量要求：

（1）折页工艺要求
① 装纸前先检查纸张大小、印刷叼口大小、拉纸大小等。
② 装纸时要检查纸张四角，发现折角、破碎、油渍等印页要及时取出，纸堆高低要适合。
③ 歪帖改正后要严格复检，防止串号（核对页码）、弓皱、夹张。
④ 换帖码时要先折好样张，检查纸边、页码。
⑤ 折页后的书帖要撞得齐，并检查印刷色序是否一致。
⑥ 所折书帖应无颠倒、无翻身、无死折、无页码串号、无同张、无套帖、无双张、无外白版、无折角和大走版。

（2）折页质量要求
① 书帖页码和版面顺序正确，以页码中心点为准，相连两页码位置允许误差≤0.3mm，折口齐边（纸边）误差不超过2mm（超过2mm，书册裁切后易出现小页现象），全书页码位置允许误差≤5mm，画面接版误差≤1mm。
② 全书帖外折缝中，黑色折标要居中一致，全部整齐地露在书帖最后一折的外折缝处。
③ 三折及三折以上书帖应划口排除空气。打孔口（划刀口）必须正确地划在折缝中间，并与折缝重叠，划口在后背上排列整齐，其划透深度以书页不断裂、不掉落页张为宜。
④ 分纸刀切割分出的纸边要光洁，纸边无拉破现象。
⑤ 折锁线订的书帖，前口毛边要比前口折边大4mm，以配合锁线机自动搭页工作的顺序进行。折骑马联动机双联的书帖，前口里层毛边要比外层毛边大10mm，以配合搭页机钢皮咬页分离工作的完成。
⑥ 折完的书帖要保持页面的整齐、清洁、无油脏、无撕页、无破碎、无残页、无死折或八字波浪皱褶，保持书帖平整。收帖时要注意帖背上无黑方块帖码标志，以避免印刷外白面的落下。

小贴士：无论是胶订还是锁线订，都应考虑纸张厚度对折页精度的影响。不同厚度的纸张所允许的折叠次数有一定的要求；折缝应和纸张丝缕方向一致；厚纸需要预先压痕才能保证折页质量。对于出血/接版、封面或内文拉页以及特殊纸张要特别标明，以引起操作者重视。

三、配页

配页也称为配帖，是指将书帖或者单页书页按照页码顺序配集成书册的工序。

1. 配页的方法

配页方法有两种：套配法和叠配法。套配法是将书帖按页码顺序依次套在一起，外面套上封面。套配法通常用于骑马订各种杂志和较薄本册。叠配法是按照书芯页码顺序将书帖或单张书页叠放在一起。叠配法用于除骑马订以外装订方式的各种书刊。如图 1-2-18 所示。

2. 配页的质量检测方法

配页是形成书芯的重要过程，要求配好的书帖不能出现多帖、少帖、乱帖等现象，为了检测书芯配页过程，在设计排版时在每个印张的帖脊处，印上了一个小方块，称为折标，其位置位于每版页码最大码和最小码订口之间，上距天头 20mm。当配页完成书芯以后，在书背形成阶梯状的标记，如图 1-2-19、图 1-2-20 所示。

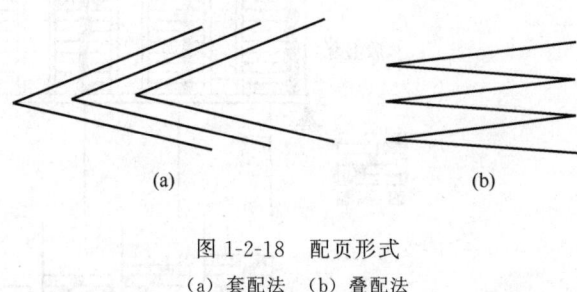

图 1-2-18　配页形式
（a）套配法　（b）叠配法

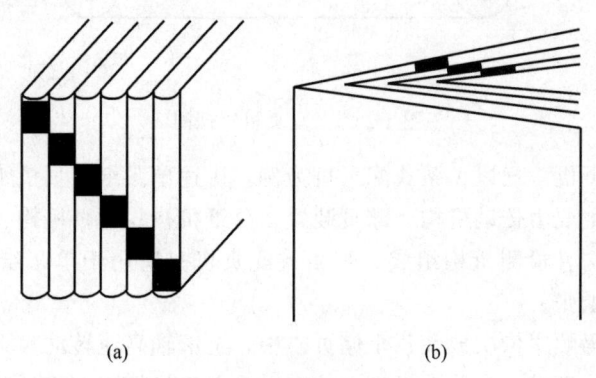

图 1-2-19　折标的标注方法
（a）叠配法折标　（b）套配法折标

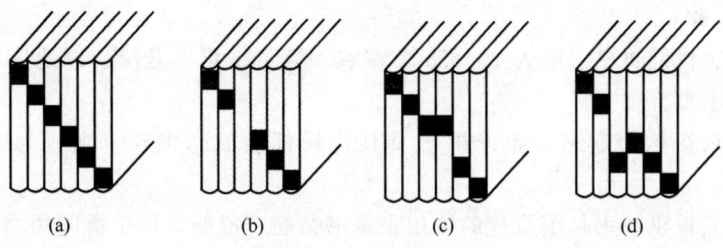

图 1-2-20　折标示意图
（a）正确　（b）少帖　（c）重帖　（d）乱帖

小贴士：叠配法和套配法的不同选择，会对前期的排版版式有很大的影响，因此在前期排版时需要确定配页方式，才能进行正确的排版设计。

3. 配页设备

配页机分为单张纸配页机和书帖配页机。单张纸配页机又分为圆盘式配页机、长条式配页机和立式配页机。书帖配页机又分为钳式配页机和辊式配页机，钳式配页机和辊式配页机的主要区别在于叼页装置的结构及运动方式不同，其余装置基本相同。其原理如图 1-2-21 所示。

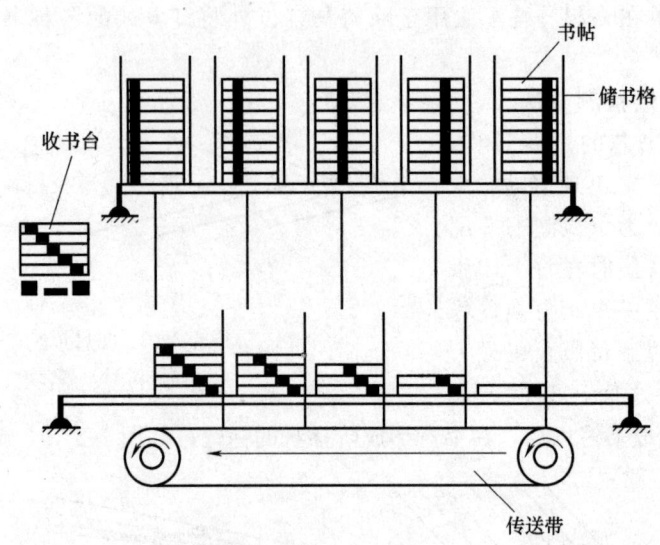

图 1-2-21 配页机原理图

(1) 单张纸配页机　现以长条式配页机为例,讲述单张纸配页机工作原理。

长条式配页机主要由传动机构、储页装置、分纸机构、输页机构、配页机构、落叠和闯齐机构、收叠机构、检测机构组成。长条式配页机只适用于单张纸的配页,不适用书帖,也不适用较薄纸张。

各叠书页按页码顺序依次放在每个储页格中,上滚轴高速转动,下滚轴反方向高速转动,转动动力来自传送带,安装在推杆上的摩擦头在连接杆向上移动时也向上移动,将上面一张书页与书页叠分离,进入上下滚轴之间,被传送到落叠板上,书页撞到前挡块,自动定位,侧挡板将书页侧面定位。接着前挡块自动下降让纸,书页自行落入收叠台,完成配页过程。

长条式配页机储页格一般为 10~15 个左右。储页格可以升降,以适应各种幅面的配页,并且存取书页方便。

如果把输页机构竖起来,把摩擦头及其连接杆换成摩擦轮,则成为摩擦式立式配页机。

(2) 书帖配页机　书帖配页机的作用是将书帖配齐成册,用于叠配法书芯的配页。配页机可以和无线胶订联动机配套使用,也可以单机使用。

配页机工作时,分页机构将储页格中最下方的书帖分离出来,叼页机构将书帖放到传送链条上,传送链条上的拨书机构推动书帖前进,每前进一格,书帖多出一叠,直到收书装置配页完成。

配页机的主要结构由分页机构、叼页机构、收书机构和检测装置组成。

① 分页机构。分页机构的作用是把储页格里最下面的一个书帖与上面的书帖分开,为叼页机构咬住此书帖做好准备。它主要由分页吸嘴、分页爪和气路组成。分页凸轮有两个对称的大面和小面。因此,主轴转动一周,分页机构完成两次分页工作。

② 叼页机构。叼页机构是配页机最主要的机构,作用是将分页机构分出的书帖从储页格中叼出,放到书帖传送机构上。叼页轮上安装两套叼牙机构,叼页轮每转一周,完成

两个书帖的叼页过程。叼页机构有单叼辊式叼页机构、双叼辊式叼页机构。单叼辊式叼页机构结构复杂、效率低，已经逐渐被双叼辊式叼页机构代替。

③ 检测机构。检测机构的作用是检测机器故障和多帖、缺帖、乱帖等故障。发现故障向相应机构发出信号，并通知操作人员及时排除，保证配页质量和保护机器。

多帖和缺帖的检测装置主要由机械式和光电式检测装置。机械式检测装置的工作原理是当叼牙叼着多帖或空帖时，滚子与叼页轮之间就会增加或减少距离，当滚子与叼页轮之间的距离变化，该装置就会发出信号。

光电式检测装置的工作原理是正常工作时，遮光挡板挡住发光光管。出现多帖或空帖时，遮光板移开，发光管发出的光被受光管接收，发出多帖或空帖信号，机器停止运行，排除故障后继续发光。

四、订书

1. 无线胶订

无线胶订是指使用材料将每一帖书页沿订口相互粘结为一体的固背装订方式，常用于平装、精装书籍。

无线胶订的方法有：切孔胶粘装订法、单页胶粘装订法、铣背打毛胶粘装订法等，其中较为常用的是第三种装订方法。

（1）切孔胶粘装订法　印刷页在折页机上折页时，沿书帖最后一折的折缝线上用打孔刀打成一排孔，再经过配页压平捆扎后在书背上涂刷胶粘材料，胶液从背脊孔中渗透到书帖内的每张书依，使每页的切孔书相互牢固粘连，如图1-2-22所示。

（2）单页胶粘装订法　全书以单页或单帖为单位，沿订口处撞齐后，再将各页的订口均匀的错开1.5～2mm左右，放在台子上，涂上均匀的书胶，然后沿订口处撞齐并加压，使页与页相互连成为书芯。用这种方法的书芯特牢固，有些精美画册、地图册的书芯常用这种方法。

（3）铣背打毛胶粘装订法　将配好页的书芯撞齐、夹紧、沿订口用刀把书背铣平，铣削的深度以铣成单张书页为准。而后经打毛或在书背上铣成若干小沟，深度一般在0.8～1.5mm，间隔为3～10mm，把胶粘材料涂刷在书背表面，并使沟槽中灌满胶液，以增加粘接牢度，干燥后，即成为无线胶粘装订书芯，如图1-2-23所示。书背的铣削、打毛的目的是使纸张边沿的纤

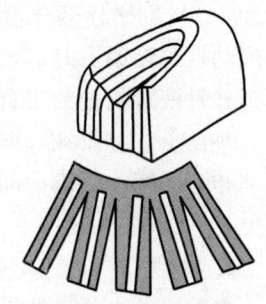

图1-2-22　切孔胶粘装订法示意图

维松散，并形成粗糙的表面，以利于胶液沿纤维渗入到纸张表面互相粘合。对于较厚的书芯再贴上纱布、卡纸，叼进一步增加胶订书粘接牢度。

铣背。铣背即将书芯的书背用高速旋转的铣刀铣平成为单张纸页，以便上胶后使每张书页都能被胶粘牢。书背的铣削深度与纸张的厚度和书帖折数有关，纸张越厚，折数越多，铣削量越大。应以铣透为准，一般在1.5～2.2mm。

打毛。即将铣削过的书背进行粗糙处理，使其起毛的工艺方法。目的是为了使书背处的纤维松散，便于胶液渗透进去，并互相粘结。另一种广为采用的方法是经过铣削的书背上切出许多间隔相等的小沟槽，以便储存胶液，扩大着胶面积，增加书背纸张的粘结牢

度。铣背切槽后的书背如图 1-2-24 所示。

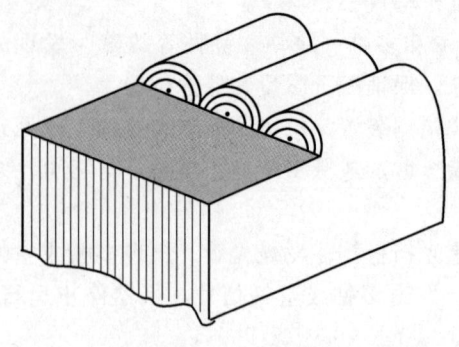

图 1-2-23 铣背打毛胶粘装订法示意图

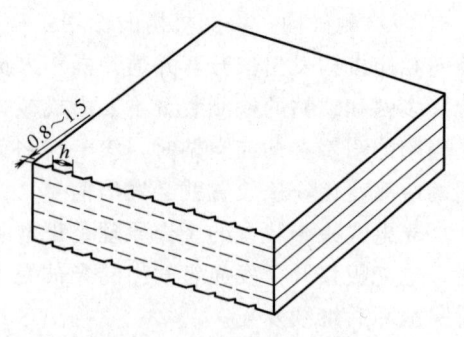

图 1-2-24 切槽效果示意图

一般来讲，打毛的深度或凹槽的间距根据印张的厚度和软硬程度等因素而定，打毛深度一般控制在 0.5~1.0mm，对厚而硬的印张，打毛深度可取 1mm，拉毛凹槽的间距一般控制在 3~10mm。

无线胶订常用铣背打毛加工书背表面粘接书芯，铣背打毛加工的书背表面质量影响无线胶粘装订的牢度。书背表面加工的质量特征是书背纸张表面的宏观及微观几何形状，可以用纸张端部不平滑度的平均算术值表示。书背未经打毛，铣削切口平滑，纸张和胶液粘结面小，以至于不能保证胶液在纸张中的浸润和粘附。书背经打毛后形成过于粗糙的表面，书背上聚集着纸毛和空气，同样的胶液在纸张中也不易浸润，因而影响无线胶订的牢度。

（4）上胶　书芯经过打毛，进入上胶工序。胶装工艺是所用的胶粘剂（即热熔胶）是一种 100% 可熔性聚合物固体，经加热熔融到一定温度（一般在 160~180℃），达到所需的流动性和粘附力时，通过涂胶轮将胶液按一定的胶层厚度、刷胶长度、正确起始位置涂抹到经过铣背拉槽的书背上，经与封面粘合，托打成型后完成胶订工序。

小贴士：如果在订联时选择不同的订联方式，同样也影响前期的排版设计，例如骑马钉，相邻的两个页码中间不能留白，但如果是无线胶钉，相邻的两个页码之间需要留有铣刀位。

2. 锁线订

将配好的书帖逐帖以线串订成书芯的装订方式叫做锁线订，而经过锁线工艺加工成本的书帖叫做锁线订书芯。锁线后的书芯可以制成平装或者精装书册。锁线订因阅读方便、牢固度高、使用寿命长等优势，适用于一些要求高质量和高耐用度的书籍。

锁线订分为平订和交叉订两种。在装订中相邻书帖的订锯互相平行的锁线方式为平订。平订又分为普通平订和交错平订两种订联形式。只要有一锁线组中相邻书帖的订锯不互相平行而是交叉互锁，这样的锁线方式为交叉订。

（1）普通平订　普通平订锁线后的书芯形状如图 1-2-25 所示，各个订锯互相平行。纱线从针孔 1 穿入，沿着书帖折缝内侧由针孔 2 穿

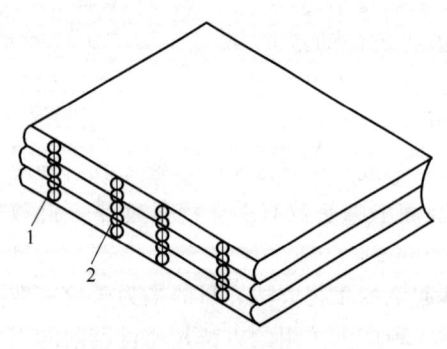

图 1-2-25 普通平订

出，并留下一个活扣，如此连续将书帖依次串联，将配页后的散帖通过纱线连在一起。根据书芯开本的大小，在一本书芯的订联中还可采用不同的锁线针组数或锁线订铜数。下图为用两组锁线针进行锁线而形成的两组订铜。一般 32 开书刊采用 3 组；64 开采用 2 组。

普通平订的工作过程如图 1-2-26 所示。书帖沿着订书架进入锁线位置后，底针 2 向上运动，从收帖的中间沿折缝从里向外将所有订书孔打好，如图 1-2-26（a）所示，然后安装在升降架上的穿线针 4 和钩线针 5 一起向下移动，使穿线针和钩线针从相应的订孔中将线穿入书帖内，同时底针退回，如图 1-2-26（b）所示。钩线针在伸入书帖的同时，逆时针旋转 180°，使钩线针 5 的钩槽向里，准备钩线。当穿线针将线引入书帖后，穿线针和钩线针随升降架回升一定距离，使引入的纱线形成线套，便于钩爪 1 牵线。钩爪从左向右移动，将纱线拉套成双股；当钩爪越过钩线

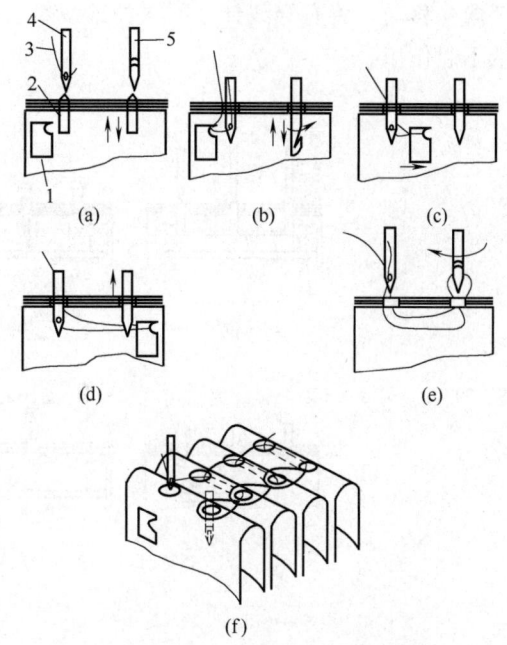

图 1-2-26 普通平订打孔、穿线过程
(a) 打孔 (b) 穿线 (c) 牵线
(d) 钩线 (e) 打结 (f) 互锁成册
1—牵线钩爪 2—底针 3—纱线
4—穿线针 5—钩线针

针时，钩爪向外稍微抬头并将纱线送入钩线槽中，如图 1-2-26（c）（d）所示。接着，钩线针接住线后，钩线针和穿线针被升降架带动回升，此时钩线针又反向（顺时针）旋转 180°，将钩出的纱线在书帖外面绕成一个活扣，如图 1-2-26（e）所示。同时钩爪向里低头并退回到原始位置。一个书帖的锁线过程结束。

接下来开始锁第二帖，其锁线过程与第一帖相同。钩线针钩出的活扣从前一帖的活结中拉出来的，如此一个套一个形成一串锁链状，直至锁完一本书芯。

（2）交错平订 交错平订后的书芯如图 1-2-27 所示，在每组锁线中，各帖书页跳间互锁。交错平订是平订的另一种锁线方式，当纸张较薄或纱线较粗时，为了避免书背锁线部位过高地鼓起，就采用这种交错平订。

如图 1-2-28 为交错平订的锁线过程。由两根穿线针、两个牵线钩爪和一个钩线针构成一组，动作相互配合，完成锁线工作。原理基本与普通平订相同。锁第一帖书页时，左钩爪 1 工作，钩住左穿线针 4 引入的纱线向右移动，将纱线牵送给钩线针 5，而后复位；此时右穿线针 6 也被升降架带着穿入书帖中，右钩爪 7 和左钩爪 1 同步运动，此时右钩爪不起作用，只是空走行程，钩不住纱线。因而此时右穿线针 6 和右钩爪 7 无作用。在第二帖锁线时，打孔和穿线后，右钩

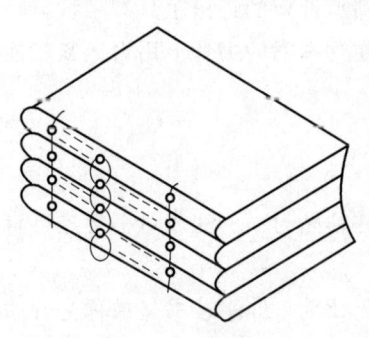

图 1-2-27 交错平订

爪7向左移动,将右穿线针6引入的纱线牵送到钩线针上,而后复位;此时左穿线针和左钩爪不起作用。

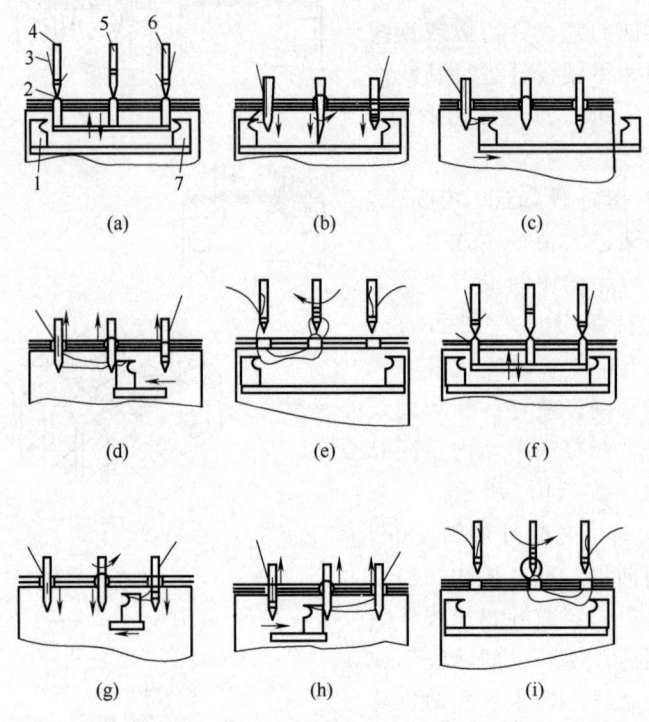

图1-2-28 交错平订打孔和穿线过程
(a) 打孔 (b) 穿线 (c) 左钩爪右移 (d) 复位 (e) 打结 (f) 打结 (g) 右钩爪左移 (h) 复位 (i) 打结

(3) 交叉订 交叉订是锁线订中最为复杂的一种装订方式。交叉订针组排列如下图所示。交叉订时左右两端应各装一组双钉夹针器1、2,右边加装一个牵线钩爪8,中间加装底针7,其他针组的安装与普通平订相同。交叉订时在两根固定的钩线针6之间有一根活动的穿线针5,左右往复跳锁穿线。锁第一帖时插入左端穿线孔,牵线钩爪8左移,将线交给左钩线针6,左钩线针在钩住线后回升时,向右转动一个大于180°的角度。在锁第二帖时,又向右移动,插入右端的穿线孔,牵线钩爪8右移,将线交给右钩线针,右钩线针在钩住线回升时,向左转动一个大于180°的角度,这样往复锁订工作,将纱线穿入各帖书页内,互锁成册。交叉订须使用交叉锁承针板,交叉锁承针板的针槽距只有一种,一般适用于各种开本书的订距需要。当一本书锁订完成后,在这本书的书背上用力压紧就能获得厚度均匀的书背,这也是交叉订的优点。

五、包封面

上封皮是在订好书芯的书脊两侧及书背,涂上胶液并粘贴封面。完成对书脊进行自动上胶并粘贴封面的机器叫做包本机。

胶订书刊的封面分有"勒口"和无"勒口"两种。无"勒口"平装书又被称为普通平装书,它是先包上封面而后三面裁切为成品。在做这一类书籍的封面设计时,封面尺寸与内文尺寸相同，排版时，封面与封底所在版面比内文版面多了书脊与折痕宽度。以成品尺寸为245mm×165mm为例，普通平装书的封底与封面的尺寸设计如图1-2-29所示，其中天头、地脚与切口均设置为20mm。

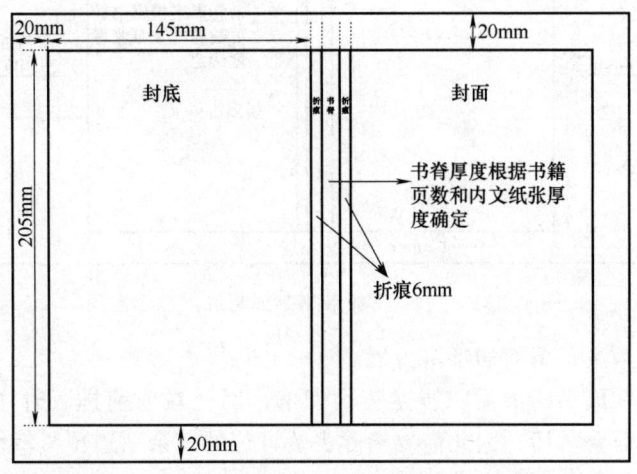

图1-2-29　普通平装封面与封底尺寸设计图

有"勒口"平装书称为"勒口"平装书，如图1-2-30所示它是先对书芯切口处进行裁切，然后上封面与勒口操作，最后进行天头与地脚的裁切为成品。相对于无"勒口"平装书书籍封面设计，此类书籍的封面尺寸与内文尺寸不同，多出一个"勒口"距离，在30~50mm。

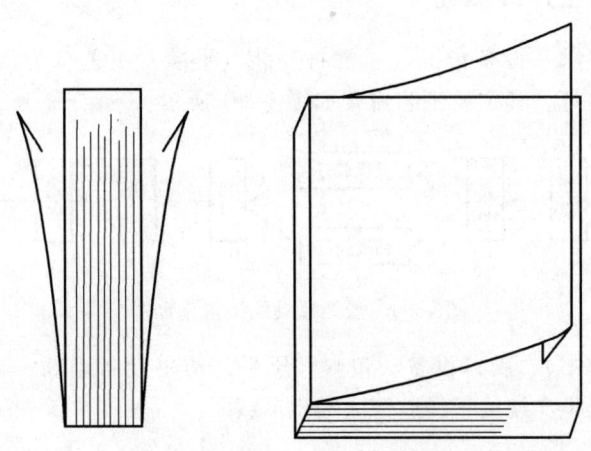

图1-2-30　"勒口"平装书示意图

以成品尺寸为245mm×165mm，勒口为40mm为例，勒口平装书的封底与封面的尺寸设计如图1-2-31所示，其中天头、地脚与切口均设置为20mm。

六、裁切

裁切，指将印刷好的页张经过折页、配帖、装订、包封面等印后加工之后，切去三面毛纸边成为一本可以翻阅的书册的操作过程。裁切是平装加工中的最后一道工序。所用的

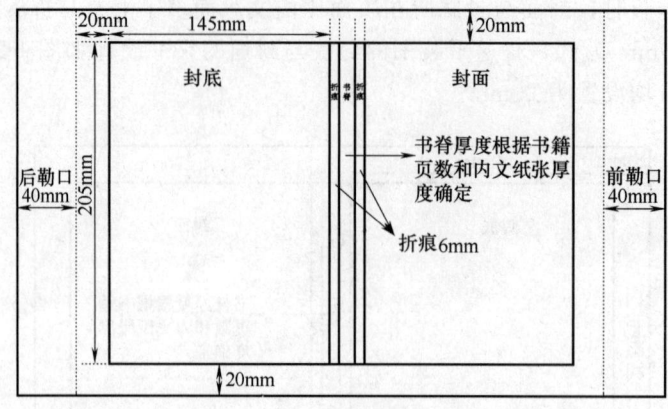

图 1-2-31 "勒口"平装书封面封底尺寸示意图

设备以三面切书机为主，单面切纸机为辅。

小贴士：由于在成书的最后一步是三面切书，因此在前期排版时注意折页形成书芯后，书芯的三面都需要裁切，因此需要给除去装订位的其余三边预留裁切位。

任务三　胶装联动生产线实践操作

一、胶装联动生产线概述

根据书本成品要求和设备情况，通常将胶装（平装）工艺分为两种，一种是无线胶订，另一种是锁线胶订。其主要工艺流程如图 1-3-1 所示。

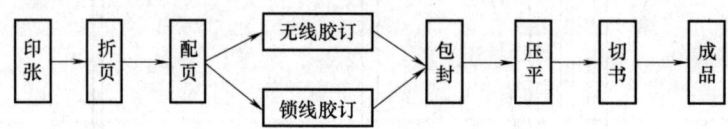

图 1-3-1　胶装联动线工艺流程图

如果把配页（排书）、胶订设备、包封、压平、切书设备串联一起组成联动生产线，则叫做无线胶订联动生产线或锁线胶订联动生产线。

二、无线胶订联动生产线

1. 无线胶订联动生产线

无线胶订联动生产线是一种用胶粘剂代替各种连接线将书帖连接，使其成册的一种平装生产联动线。它可以将配页（排书）、撞齐、夹紧、铣背、涂黏合剂、包封面、压平（托打）、称重、锯分本、三面刀切书等十多道工序，连接在一起形成一条自动生产线。目前我国使用的胶订联动生产线大部分源自进口，主要来自德国、瑞士等，如瑞士马天尼（Muller Martini）的 A5、B8 等胶装联动生产线。虽然型号各异，但其工作过程和原理基本相同，大多只是智能自动化程度差异。如图 1-3-2 为 Muller Martini A5 无线胶订连动生产线示例图。

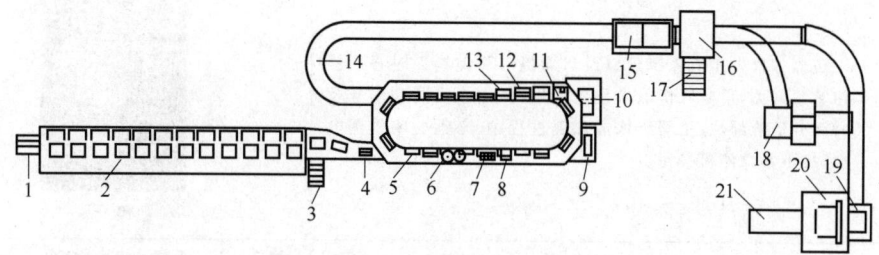

图 1-3-2　Muller Martini A5 无线胶订连动生产线示例

1—手放书台　2—配页　3—排废书　4—翻转立本　5—定位震齐夹紧　6—铣背　7—刷脊胶　8—刷边胶　9—熔胶炉　10—封面台　11—封面压线　12—定位贴背　13—托打成型　14—传送烘干　15—电子秤　16—分流桥　17—收毛书　18—分本锯　19—计数堆积　20—三面刀裁切　21—成品收书

根据示例图，较完整的无线胶订联动生产线工序如图 1-3-3 所示。

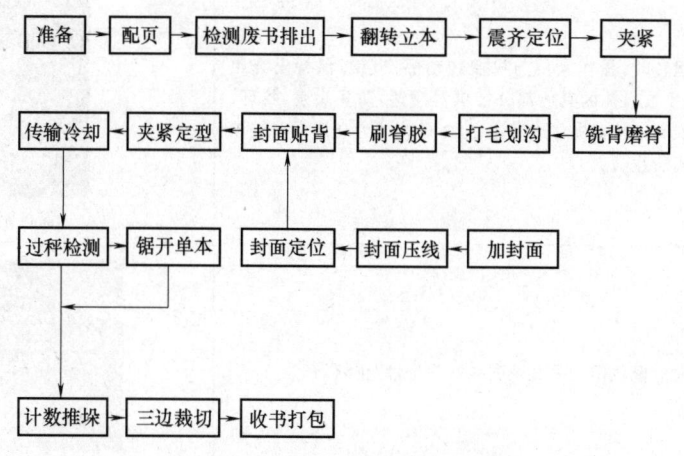

图 1-3-3　无线胶订联动生产线工艺图

2. 无线胶订联动生产线操作安全注意事项（表 1-3-1）

表 1-3-1　　　　　　　　　　安全注意事项

序号	安全注意事项	图例
1	开机生产前要穿戴好工作服和个人防护工具，作业时应系好工作服纽扣、束紧袖口。	统一着装

续表

序号	安全注意事项	图例
2	机器如果发生故障修理以及封面机三面刀换刀时必须锁住紧急开关,重新开机前应发出信号,操作人员听到信号及时离开危险部位;机器维修或保养过程中,必须关闭机器电源,按下紧急停机按钮。	急停开关
3	开始作业前,应按照电气、机械设备使用安全规定对各电路和机械部件尤其设备机械防护装置、电保护装置等进行检查;下班前或作业结束时,根据相关程序关闭水电气方可离去。	关闭电源
4	机器运转时,操作人员与机器转动部位应当保持安全距离,防止手或身体的其他部分被机器碰撞,防止头发、指环、项链和衣服被机器夹住或缠住。封面机胶炉为高温部位应该注意远离防止烫伤。	保持距离
5	换刀时应佩戴防护手套及安装好刀套,防止划伤。	佩戴手套
6	机器运行过程中,不得将头或手伸进机内,以防夹伤;任何情况下,严禁直接将手伸入三面刀部位的刀下取书帖;清理机器上废书帖时,必须先停机,并按下急停开关。	严禁手伸入
7	及时清理保养机器,保持机台整洁干净;不得将任何活动物品置于机器表面,以免滑入机器造成机器损坏或人员伤害。	设备保养

3. 无线胶订联动生产线操作步骤

（1）生产前准备（表 1-3-2）

表 1-3-2　　　　　　　　　　　　生产前准备

序号	要点	操作细节	图例
1	设备检查	开机前检查测听机是否有异声，检查设备机械零部件是否存在松动或其他异常问题，并对设备逐孔进行润滑加油。	设备检查
2	核对生产工程单	根据来料标识卡工单号找到对应生产工程单，仔细、全面查阅工单内容，注意备注和上下工序。	核对工单
3	核对标识卡	根据来料标识卡核对生产来料，确认是否与工单相符，数量是否准确，是否有特殊说明。	
4	核对蓝纸样书	查看所生产物料与蓝纸或样书是否一致，仔细查看样书或蓝纸上的备注，作为生产和签样的依据。	核对样书

（2）排书（配页）机调节（表 1-3-3）

无线胶订书籍配书芯时，一般采用配帖法，即按照各个书帖的页码顺序，一帖一帖地叠加在一起，使其变成一本书刊的书芯。排书机工作时，将配的书帖按页码顺序放进叼页组织的贮页台上的书斗内，机器运动，书帖叠下面的吸页设备吸住斗内最下面的一个书帖，并向下倾斜一个挡规，叼页轮股转动叼牙至上面时叼住书帖并带走，转到下方铺开书帖，书帖反着落到隔页板上，书脊向里。叼牙的开合也是由凸轮组织操控的，叼页轮转变一周，叼下一个或两个书帖。一本书配齐之后，由收帖设备运走。

表 1-3-3　　　　　　　　　　　　排书（配页）机调节

序号	要点	操作细节	图例
1	挂样	按书帖页码顺序，在书斗正上方悬挂对应的书帖样，并在每次上书帖时进行核对。	挂样

续表

序号	要点	操作细节	图例
2	书斗的调整	按书的尺寸大小调节书斗,根据书的厚薄尺寸调整规矩,根据书帖长宽调整书斗左右书帖挡规及前挡规,左右居中。书帖图像大,有拖花迹象的书帖下方加上垫高垫,预防生产中书帖拖脏。	书斗调节
3	书帖的调整	加帖前检查书帖方向,书帖是否有倒头、混帖、错帖等问题,然后将书帖打松撞齐后放入书斗;调节下帖顶针长度,保证下帖顺畅。书帖位放置书帖高度不得超过下书口前挡板高度;否则容易拖脏书帖,应该多次少加,堆书位不得放置一堆以上书帖。	调整书帖
4	调试排书机主电脑	按设置模式; ①把要用的书斗全部打开; ②对书帖薄的书斗单独进行调节其叼牙力度和厚度; ③对要用的书斗,根据书帖情况,选择图文检测或条码检测,也可以两个都用。	调试排书机电脑
5	错帖检查	以上程序全部完成后,可试开机预排几本毛书。机长检查书帖是否一致,内文有无拖脏、拖花、错帖等现象,若发现此情况可对相应的书斗单独调节,再单独检测一次,直到最佳状态即可。	错帖检查
6	调节震动	根据排好的书帖对震动部位进行调节:宽度、震动强度、错帖预防的电眼高度,不能太高,否则高出的书帖也不能让排书机自动停机,容易撞机,一般高出书的2～3mm为佳。	震动调节
7	排废处理	生产中排书机,会识别出有质量问题的书并区别排出,排废出来的书帖需要重新分类、检查,以便重复利用。	排废处理

(3) 封面机调节 此装置由上胶机构、上封皮机构、成型机构组成。

① 上胶机构。上胶辊在胶液槽中涂上胶层,书芯在胶辊上通过,胶辊沿书芯运动方向旋转,将胶层转移到书背上,完成上胶。一个上胶辊叫一胶辊,它载有较厚胶层,线速度大于书芯前进速度,胶辊表面与书背产生搓动,将胶液压入沟槽,保证沟槽内胶液饱满。上胶辊周围表面有许多环形小沟槽,能使书纵向条纹充胶,书页粘合牢固。

另一上胶辊叫二胶辊,所载胶层较薄,离书背较远,其作用是补充一胶辊上胶不足,控制胶层厚度并使胶层均匀。热胶辊本身不带胶,工作时高速逆转。辊内装有电热丝,表面温度可达 190~200℃，它的作用是烫断热熔胶的拉丝和滚平背胶，对书背胶层厚度进行控制。

② 上封皮机构。上封皮结构又称上封面结构或包皮机构、包本机构。上封皮机构的托板在双曲柄机构作用下做连续平动。书芯行至上封皮位置时，托板到达最高点，将预先定好位的封面贴在带胶的书背上。

③ 成型机构。书芯带着刚粘上的封皮来到成型工位，托板和两个挤板从 3 个方向对书背加压，将书封皮包拢，完成对书背的整型。成型后书本被释放继续向前，然后夹书器打开，包好封皮的毛本书便离开夹书器，落在收书台上（表1-3-4）。

表 1-3-4　　　　　　　　　　　　　　成型机构

序号	要点	操作细节	图例
1	测量毛书及封面	选一张封面和一本配好的内文，在测量台上分别测量封面和内文的尺寸和厚度，并记录好相关数据。	测量毛书及封面
2	输入电脑信息	在电脑上选择所要生产的书的模式，选定后把之前测量的数据按顺序输入电脑，按顺序一步步检查无误后，按"P"键进行转版，机器开始自动运行转版。	输入电脑信息
3	进给装置调节	检查进书口宽度，通过调整交接轮的松紧来调节过道的宽窄和推书杆的扭力大小。	进给装置调节
4	光电眼调节	当有乱帖或杂物经过时，机器会自动停机，对机器起保护作用。	
5	进书轨道宽度检查	检查进书轨道宽度，轨道宽度不能大于书夹，若大于书夹可在电脑进行微调或手动调节，使其能顺利进入书夹和水平台。	进书轨道宽度检查
6	磨脊刀调节	磨脊刀有两个压盘，压盘生产时要看是否夹到书，厚书要适当夹紧一点，就不会造成书磨脊前后不平。	磨脊刀调节
7	精铣刀调节	若磨脊不平，进入精铣刀进一步打磨书脊，将书脊打磨得更加平整，以便上胶工作更加容易，为下一步的打齿做准备。	精铣刀　拉毛打齿刀
8	拉毛打齿刀调节	给书帖开槽，便于上胶，使纸张粘得更加牢固，不易掉页。打齿刀要根据不同的产品对深度进行调节。	

续表

序号	要点	操作细节	图例
9	底胶炉的调节	底胶炉有两个胶轮,第一个用于进胶,使胶进到书芯里面,第二个用来附加一层胶水,后面的两个刮胶刀,能将多余的胶水刮掉并修平书脊上的胶,使其容易上封面,且避免了少胶、空胶气孔现象。	底胶炉调节
10	边胶炉调节	边胶炉为书脊的两边上胶,若上边胶效果不理想,可通过手动装置调节至理想状态。	边胶炉调节
11	封面台调节	封面台挡板和封面输送轨道尺寸在转版时同时调节到位。	加封面台调节
12	压线轮调节	根据书芯的厚度和封面的厚度,来调整压线的大小和压线的深浅,使封面更容易包住书芯。	压线轮 压线轮调节
13	定型托打台调节	封面通过输送轨道与书夹里面的书芯同步,封面被托打台托起与书芯完全粘贴在一起,进入夹紧定型装置,将书芯顶平并将封面粘紧,使书外观方正,边胶牢固。	托打台调节
14	出书部位调节	书经过两个托打台成型后,到落书处书夹会自动张开,把书平稳地垂直落入输送皮带上,然后经过旋转皮带把书放平,进入传送皮带。	毛书下落

(4) 传送调节(表 1-3-5)

表 1-3-5　　　　　　　　　　传送调节

序号	要点	操作细节	图例
1	输送胶水冷却	顺利从封面机出来的毛书,经过回形输送皮带,胶水慢慢冷却,避免三面刀切书时出现书脊压皱和变形。皮带控制电箱可控制皮带与主机断开单独运行或和三面刀断开单独运行。	传输冷却
2	电子秤的调节	皮带上冷却的毛书,经过电子秤过秤。从所生产的产品书帖里挑出最轻最薄的 1 帖书,称重后设定电子秤上限和下限,从而杜绝多帖少帖流入下道工序。	电子秤调节及排废

续表

序号	要点	操作细节	图例
3	废书排除	若机器电子秤检测装置检测到有不符标准的毛书,电子秤弹跳装置会自动将坏书通过皮带排到废书收集箱。机长进一步检查,好书可以放行。	分流桥 毛书收集口
4	分流装置调节	毛书经过电子秤后,若后端三面刀或分本锯故障意外停机,或毛书不需要马上进行后端加工,可通过排书收集口收集毛书。 或者根据实际加工序选择,可经过上下两层的输送皮带分别与三面刀或分本锯联机运行。	

(5) 分本锯调节（表1-3-6）

表1-3-6　　　　　　　　　　　　分本锯调节

序号	要点	操作细节	图例
1	进书口调节	根据毛书尺寸调整进书口皮带速度,使其平稳落入进书口中； 按毛书尺寸调节挡板的长度和宽度,使毛书顺利平整堆入； 按毛书的厚度调高出书挡板的高度,使书能顺利送出。	进书口调节
2	电脑调节	根据生产需要选择单机生产或联机生产,按毛书的宽度设置好开机速度。	电脑调节
3	分本锯调节	按毛书的厚度调整锯和压书皮带的高度,保证锯出的书锯口整齐,出书顺畅。	分本锯调节
4	出书皮带调节	调节好出书口皮带的速度,保证分好本的书可以顺畅落入传送皮带,进入三面刀裁切。	

(6) 三面刀调节

三面刀完成切书环节,主要由推纸器、压纸器、裁刀、刀条、侧挡板、工作台等组成。该机可以连续裁切书籍的三个边缘,其工作原理如图1-3-4所示,把要裁切的书叠送入夹书器1的压舌板下面,自动夹紧,并将书叠送至裁切部位,书叠定位后,压书器2立即下降,将书叠压紧,压舌松开并随夹书器自动退回,左右侧刀3、4同时下落,按规定尺寸裁切书籍的天头、地脚,当裁刀切完开始回升时,前刀随之落下,裁切前口,切完后,前刀与压书器自动上升复位,出书机构的推书爪将成品书推到传送带上,这样完成一次工作循环（表1-3-7）。

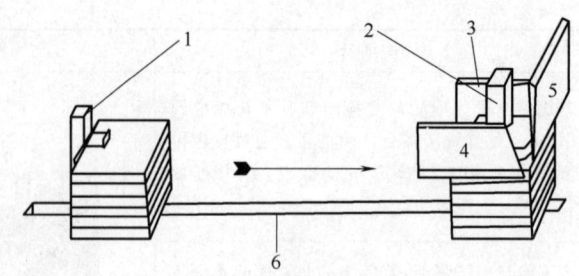

图 1-3-4 三面切书机原理示意图
1—夹书器 2—压书器 3—左侧刀 4—右侧刀 5—前刀 6—递书滑道

表 1-3-7　　　　　　　　　　三面刀调节

序号	要点	操作细节	图例
1	尺寸的调节	先测量毛书的尺寸(长×宽×高)，按电脑显示对应数据，同时输入成品尺寸的长、宽、高；再根据所切书的尺寸大小，来设置进书品皮带压力、切刀压力、切割台大小的尺寸和送书皮带的压力，按步骤输入主电脑控制。	尺寸调节
2	安装底座和压板	打开进书口处防护盖操作时，必须使用刀套，戴好手套，锁定急停开关。要拿掉压书垫及底盒时必须先按下过桥板，安装好压书垫及底盒后必须把过桥板打起来。	底座安装
3	进书槽的调节	拿一本书按点动键看毛书是否能顺利通过进书槽。若不行，可适当调节进书口处的挡书板，防止产品被阻拦或多出产品。	进书槽调节
4	裁切三边	毛书进本后首先压书定位，需要调整好千斤压力大小和高低位，合适的压书板大小。切书时刀门先下切出书口，然后左右两侧刀同时下落切出天头和地脚。	裁切三边
5	收书查书	切好的成品书从三面刀口输出，经翻查书本质量，按需要是否定数掉头堆叠，按包装指示进行装箱或摆板，并做好相应标识和围膜防护。	

三、锁线胶订联动生产线

锁线胶订联动生产线设备基本组成与无线胶订联动生产线一致，主要区别在于：

(1) 如果不是较先进的机器，排书（配页）与锁线（穿线）工序和联动设备分离的，书帖经单独排书、锁线，然后压书后再拿到胶装连动线进行加封面和三边裁切，在封面机部分刷胶前不需要进行磨脊和拉毛工序。

（2）如果是较先进的机器，比如 Martini B8 联动生产线，排书机增加了锁线（穿线）单元设备，这样可实现排书—穿线—加封面（刷胶前不磨脊）—三边裁切为一体的胶订联动生产线。

当然对于部分有特别工艺要求包纱布的胶装书，可在书脊背面加多一层冷纱布或卡纸，主要是在封面机上激活冷纱布装置，此时冷纱装置会自动切断纱布并使切断的纱布托打在书芯上，然后在纱布上刷一层脊胶用于粘接封面。

较完整的无线胶订联动生产线工序如图 1-3-5 所示。

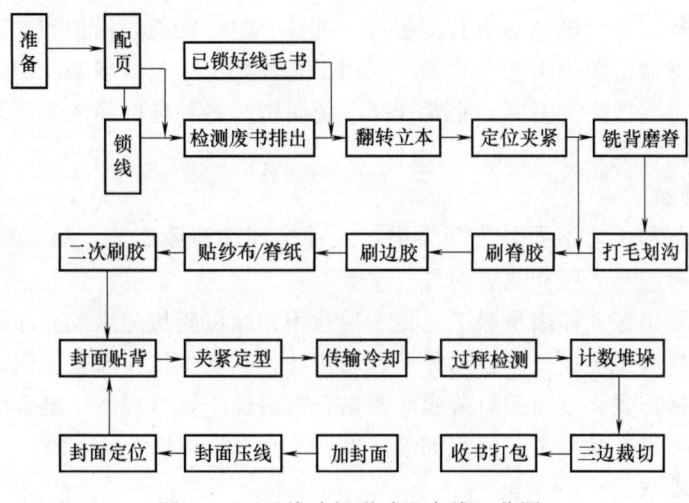

图 1-3-5　无线胶订联动生产线工艺图

任务四　封面覆膜制作

书籍类印刷品，因为其特定的作用以及应用场合，书本的封面极容易出现损坏，所以对书籍封面做覆膜加工，能够大幅提升书本封面的使用寿命。另外，书本封面已经不再是简单的单色印刷品，现代的书籍封面大部分采用彩色印刷，且会因加入较多的美术设计而使用大墨量或专色墨。覆膜不仅能够提升纸张的使用寿命，也能够大幅降低印刷品上的油墨因存放时间、摩擦等因素造成的褪色速度。

一、覆膜基础知识

1. 覆膜的概念

覆膜又被人们称为印后过塑、印后裱胶或印后贴膜，即将塑料薄膜涂上黏合剂，与纸印刷品经加热，加压使之粘合在一起，形成一种纸塑合一的印后加工技术。覆膜后产品如下图 1-4-1 所示。

2. 覆膜的作用及其应用

经过覆膜的印刷品，表面更加光亮、平滑、耐光、耐污，彩色图案处理后更为鲜艳夺

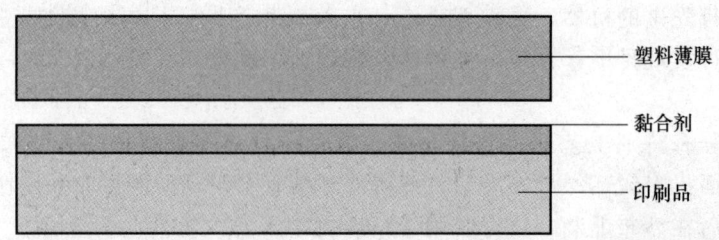

图 1-4-1　覆膜产品结构图

目，不易损坏；加强了印刷品的耐磨、耐折、抗拉、耐湿性能，保护和提高了各类印刷品外观效果和使用寿命。覆膜工艺在我国广泛用于各种档次的包装装潢印刷品及各种装法的书刊、本册、挂历、地图、书面、企业介绍、说明书、各种证件等的表面装饰加工，是一种很受欢迎的工艺技术。

3. 覆膜的种类

覆膜根据设备和工艺不同分为两大类，一种是即涂覆膜工艺，另一种是预涂覆膜工艺；使用的塑料薄膜分光膜和亚膜两种。

（1）即涂覆膜工艺　即涂覆膜工艺是一种利用即涂覆膜机随涂胶立即贴膜进行纸塑复合的工艺。即涂覆膜工艺设备有自动和半自动两种，其基本工作原理相同，主要由加工厂或加工车间，根据需要将卷筒塑料薄膜涂敷黏合剂后经干燥（轻微）复合、加压后将纸膜粘附在一起形成覆膜产品。工艺流程如图 1-4-2 所示主要有放卷、上胶、涂布、干燥、复合、分切、成品堆积。

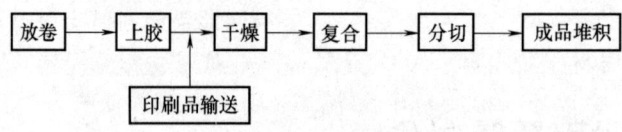

图 1-4-2　即涂覆膜过程图

（2）预涂覆膜工艺　预涂覆膜工艺是一种预先将塑料薄膜上胶，膜布复卷后，再进行与纸张印品复合的工艺。它与即涂覆膜工艺相比，省略了上胶、干燥等工艺过程。预涂覆膜工艺是由预涂膜加工厂根据使用规格幅面的不同先将胶液涂布复卷后供印后加工企业选择，再与印刷品纸张进行覆合。预涂膜有三种：即热膜、压敏膜和特种膜，装订所用主要是热膜中的两种：BOPP、PET（还有一种是尼龙 N）。预涂覆膜工艺流程如图 1-4-3 所示。

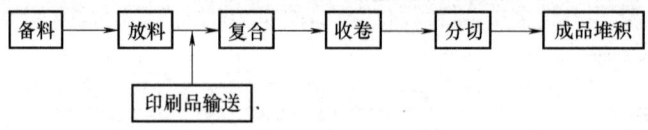

图 1-4-3　预涂覆膜工艺流程图

二、覆膜的准备

1. 封面覆膜准备工作

覆膜前处理是提高覆膜质量的前提，这样才能达到覆膜产品质量标准和客户要求。

(1) 环境的要求　覆膜车间相对湿度要符合要求。纸张能够吸收空气中的水分，也可以向空气中散发水分，若环境湿度不适合，造成印刷品含水量不符合要求，覆膜后就会产生变形。若印刷品中水分过大，会使覆膜过程中经热压释放出水蒸气，使局部产生不粘合现象。车间相对湿度一般控制在60%rh～70%rh。另外覆膜车间要保持较高的洁净度，如果环境灰尘飘到粘合界面，会产生非粘合现象。

(2) 印刷品的要求　墨层厚度、渗入深度对覆膜也有影响，平版印刷墨层较薄，使用覆膜工艺较为理想。

印刷品油墨层过厚，会阻碍黏合剂的渗透，所以此时应增大黏合剂用量，增大压力、温度，促进黏合剂分子运动，使黏合剂尽可能透过油墨渗入纸张。一般这种情况复合压力控制在12～15MPa，温度控制在65℃左右，黏合剂涂布厚度6～8μm，干燥温度一般控制在45～75℃，中速风力。

油墨层过薄对覆膜没有影响，这时温度、压力均可适当降低一些。

印刷品中粉状油墨，如金、银墨等，颗粒较粗，隔开黏合剂和纸张，影响粘合，造成粘合不牢。覆膜时可用干布轻擦印刷品表面，增大橡胶辊压力和加热温度，一般压力控制在13～16MPa左右，温度控制在65℃左右，黏合剂涂布厚度一般为6～8μm，涂布黏合剂的薄膜在通过烘道后有轻微黏手感为宜。

印刷品的油墨添加燥油可提高油墨干燥速度，但是油墨表面结成油亮光滑的低界面层，即晶化，覆膜时易使印刷品表面起泡，这时可印刷一层光亮浆破坏这种晶化。

印刷品纸张紧度较大，其平整度和光滑度较好，黏合剂渗透性小，覆膜后易产生脱膜起泡现象，这时可调低黏合剂配比浓度，橡胶辊压力控制在14～17MPa，加热温度控制在65～70℃，黏合剂涂层厚度为3～5μm。

印刷品纸张紧度较小，其平整度和光滑度较差，黏合剂渗透性强，黏合力高，黏合剂用量大。覆膜时，橡胶辊压力一般控制在10～12MPa，加热温度控制在55～65℃，黏合剂涂层厚度为5～7μm。

2. 塑料薄膜的准备

常用的塑料薄膜有聚氯乙烯（PVC）、聚丙烯（BOPP）和聚酯（PET）薄膜等。其中BOPP薄膜（15pm～20pm）柔韧、无毒性、平整度好、透明度高、光亮度好，并具有耐磨、耐水、耐热、耐化学腐蚀等性能。此外它的价格便宜，是覆膜工艺中较理想的复合材料。

覆膜工艺对塑料薄膜的质量有以下五方面要求：

(1) 厚度直接影响薄膜的透光度、折光度、牢度和机械强度等，根据薄膜本身的性能和使用目的，覆膜薄膜的厚度以0.01～0.02mm为宜。

(2) 须经电晕或其他方法处理，处理面的表面张力应达到4Pa，以便有较好的润湿性和粘合性能，电晕处理面要均匀一致。

(3) 覆膜用薄膜的性能良好。薄膜具备良好的透明度保证被覆盖的印刷品有最佳的清晰度。透明度以透光率即透射光与投射光的百分比来表示，PET薄膜的透光率一般为88%～90%，其他几种薄膜的透光率通常在92%～93%之间；薄膜具备良好的耐光性，即在光线长时间照射下也不易变色；薄膜具备一定的机械强度和柔韧特性，机械强度包括抗张强度、断裂延伸率、弹性模量、冲击强度和耐折次数等项技术指标。

(4) 几何尺寸要稳定，常用吸湿膨胀系数、热膨胀系数、热变形温度等指标来表示；

覆膜薄膜要与溶剂、黏合剂、油墨等接触，须有一定的化学稳定性。

（5）外观膜面应平整、无凹凸不平及皱纹，要求薄膜无气泡、缩孔、针孔及麻点等，膜面无灰尘、杂质、油脂等污染。薄膜厚薄均匀，纵、横向厚度偏差小，因覆膜机调节能力有限，还要求覆卷整齐，两端松紧一致，以保证涂胶均匀。

塑料薄膜的质量检查方法除上述膜面表面处理等几项外，还可以用手感或目测来检测。宽筒薄膜卷料还须按照所要求的宽度分切成窄筒卷料才能用于覆膜。分切之后的窄筒卷料要求边缘平齐、两端对齐、卷曲张力一致。

3. 黏合剂的准备

目前，国内覆膜用黏合剂主要有溶剂型、醇溶型、水溶型和无溶剂型4类黏合剂，其中溶剂型黏合剂使用较多。

各种黏合剂应具有以下特性：色泽浅、透明度高，不影响印刷品图文色彩；能在纸张、油墨层及塑料薄膜表面形成良好润湿、扩散，并使其具有良好粘结性能和持久粘合力；黏度适中、黏度过高，其流延性和润湿性会降低，导致涂布不均匀，覆膜后出现雪花点；黏度过低，则溶剂在烘干过程中不能充分挥发，导致固体百分比含量降低，易发生脱膜、起泡等现象；黏合剂还应无沉淀杂质，具有耐高温、耐酸碱、耐油墨性及较高的耐折性等性能。此外，溶剂型黏合剂中的溶剂易挥发，要求溶剂无毒或毒性小。

三、覆膜工艺设备

覆膜设备根据所使用的工艺不同分为即涂覆膜机和预涂覆膜机两大类。即涂覆膜机使用范围广、加工性能稳定可靠，是目前国内广泛使用的覆膜设备。预涂覆膜机无上胶和干燥部分，体积小、造价低、操作灵活方便，不仅适用大批量印刷品的覆膜加工，而且适用自动化桌面办公系统等小批量、零散的印刷品覆膜加工。

1. 即涂覆膜机基本结构

即涂覆膜根据工艺的不同，可分为干式覆膜和湿式覆膜。干式覆膜指在塑料薄膜上均匀涂抹黏合剂，后经过干燥烘道而干燥，在热压的作用下，与印刷品复合。湿式覆膜指在塑料薄膜上均匀涂抹黏合剂，未经干燥，在压力的作用下，与印刷品复合。目前，干式覆膜是国内最常用的覆膜方法。以干式覆膜为例，介绍即涂覆膜机的结构。

即涂覆膜机由放卷、上胶涂布、干燥、复合、收卷、印刷品的输入装置及机械传动、张力自动控制、放卷自动调偏等附属装置组成。如图1-4-4为即涂覆膜机结构图。

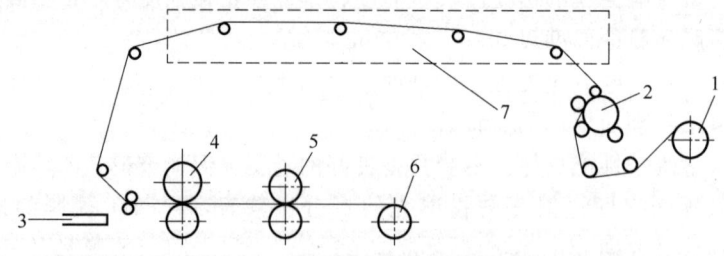

图1-4-4 即涂覆膜机结构图

1—塑料薄膜放卷部分 2—涂布部分 3—印刷品输入 4—热压复合部分
5—辅助层压部分 6—印刷品复卷部分 7—干燥通道

(1) 放卷部分 该部分由薄膜支撑架、张力控制装置组成。工作时由送薄膜辊组或由复合部分产生张力,使塑料薄膜卷筒打开。所放卷时要求薄膜始终保持恒定的张力,不能太大也不能太小。为了保持合适并且稳定的张力,故该部分需要有张力控制装置,而常见的张力控制装置有机械摩擦盘式离合器、磁粉离合器、交流力矩电机等。

(2) 上胶涂布部分 涂布形式有逆向辊涂式、凹式、无刮刀辊挤压式及有刮刀直接涂胶等。

① 逆向辊涂式涂胶(间接涂胶)。逆向辊涂式涂胶结构原理如图1-4-5所示。供胶辊1从贮胶槽中带出胶液,刮胶辊3、刮胶板7可将多余胶液重新刮回贮胶槽。薄膜反压辊5、6将待涂薄膜4压向经匀胶后的涂胶辊2表面,在压力和粘合力作用下胶液不断地涂敷在薄膜表面。调节涂胶量可以通过调节刮胶辊3与涂胶辊2、刮胶辊3与刮胶板7之间的距离来实现。

② 凹式涂胶。凹式涂胶结构原理如图1-4-6所示。一个表面刻有网穴的金属涂胶辊1(网纹辊)直接浸入胶液、随辊转动从贮胶槽中将胶液带出,由刮刀2刮掉多余胶液,一组薄膜反压辊4压住塑料薄膜3,使胶液均匀地涂敷在薄膜表面。调节涂胶量可以通过更换网纹辊(网目多少和深浅不同)、改变黏合剂的特性值(黏度、表面张力)、调节反压辊4的压力值来实现。

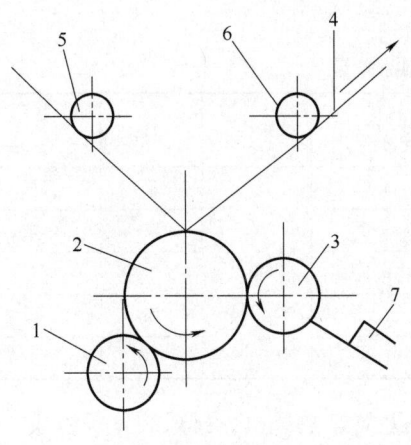

图1-4-5 逆向辊涂式涂胶结构原理图
1—供胶辊 2—涂胶辊 3—刮胶辊 4—塑料薄膜
5、6—薄膜反压辊 7—刮胶板

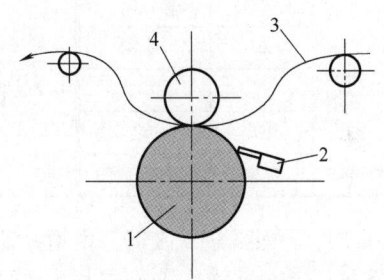

图1-4-6 凹式涂胶结构原理图
1—网纹涂胶辊 2—刮胶刀
3—塑料薄膜 4—薄膜反压辊

凹式涂胶的特点是能够较准确地控制涂胶量,涂布均匀;但网纹辊加工困难、易损坏,需要经常清洗;涂布时对黏合剂要求较高。

③ 无刮刀辊挤压式涂胶。无刮刀辊挤压式涂胶结构原理如图1-4-7所示。涂胶辊1直接浸入胶液,涂胶辊带出胶液经匀胶辊2匀胶后,涂胶辊1上的胶液通过压胶辊3的挤压力向薄膜涂布。调节涂布量可以通过改变涂胶辊1、匀胶辊2及涂胶辊1、压胶辊3之间的挤压力来实现。

④ 有刮刀直接涂胶。有刮刀直接涂胶结构原理如图1-4-8所示。涂胶辊1直接浸入胶

液,并不断转动,从胶槽中带动胶液,经刮刀除去多余胶液后通过反压辊组4、5与薄膜表面接触完成涂胶。要求刮胶刀刃口直线度、涂胶辊表面精度相当高。

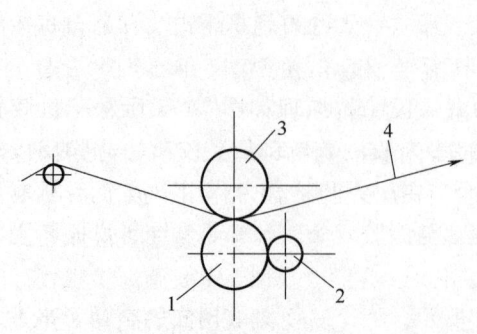

图1-4-7 无刮刀辊挤压式涂胶结构原理图
1—涂胶辊 2—匀胶辊
3—压胶辊 4—塑料薄膜

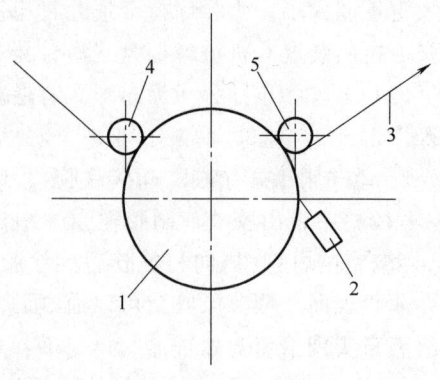

图1-4-8 有刮刀直接涂胶结构原理图
1—涂胶辊 2—刮胶刀 3—塑料薄膜
4、5—反压辊

黏合剂涂布量:应根据待覆膜印刷品的纸张类型和印刷色数来确定。常用纸张覆膜黏合剂涂布量见表1-4-1。

表1-4-1 常用纸张覆膜黏合剂涂布量

纸张类型	印色	黏合剂(g/m^2)	纸张类型	印色	黏合剂(g/m^2)	纸张类型	印色	黏合剂(g/m^2)
铜版纸	单	4.0	胶版纸	单	5.0	白板纸	单	6.0
	双	4.3		双	6.0		双	6.5
	三	4.6		三	6.5		三	7.5
	四	5.5		四	7.0		四	8.5
	实地	6.0		实地	8.0		实地	9.0

(3) 干燥部分 该部分由滑动辊、外罩、电热装置、热风机、排风装置等组成。干燥部分多采用隧道式,干燥道长度在1.5~5.5m之间。覆膜干燥效果主要由覆膜温度与覆膜速度决定。

① 覆膜温度。根据溶剂的种类和基材的耐热性等来将干燥通道分三段工作区域,从进口到出口温度由低向高逐步增加,即蒸发区为50~60℃、硬化区为60~70℃、排除异味区为70℃~80℃。总原则:控制干燥后涂层中的残留溶剂量在$10mg/m^2$以下。虽然覆膜温度的提高有助于粘合强度的增强,但温度太高或太低对覆膜都不利。温度太高,会使纸张和塑料薄膜收缩变形,产品皱褶、卷曲及局部起泡;温度太低,黏合剂工作温度达不到,覆膜不牢,易脱皮。覆膜温度一般控制在70~90℃为宜。印刷面积大、墨层厚、色泽深、纸张含水量大、纸张尺寸大的特殊印刷品覆膜温度控制在95~115℃。

② 覆膜速度。覆膜速度过快,黏合剂的受热时间过短,粘合效果差,会产生雾状;覆膜速度慢,粘合效果好,但是生产效率低,有时会出现起泡现象。一般情况下,覆膜速度控制在6~10m/min为宜,特殊印刷品的覆膜速度控制在5~10m/min。

(4) 复合部分　该部分由镀铬热压辊、橡胶压力辊、压力调整机构等组成。热压温度为 60~80℃, 热功率密度为 2.5~4.5W/cm², 热压辊与橡胶压力辊之间的接触压力调节大多采用液压式或气动式压力调节机构来完成, 一般为 10.0~18.0MPa。

另外须根据纸张表面性能、结构、厚度等性质调节覆膜压力, 一般情况下, 对于质地疏松、表面粗糙、渗透性大的纸张, 压力要大一些, 反之则小。依据经验, 覆膜压力一般控制在 8MPa~25MPa 为宜, 特殊印刷品的覆膜压力控制在 16MPa~25MPa。

(5) 印刷品输入部分　印刷品的输入分为手工和全自动输入两种方式, 目前市场上主要以全自动输入方式为主。全自动输入方式又分为气动与摩擦两种类型。气动式是在印刷品前端或尾部装上一排吸嘴, 依靠吸嘴的"吸""放"和移动来分离、递送印刷品。摩擦式输入主要靠摩擦头往复移动或固定转动与印刷品产生摩擦, 将印刷品由贮纸台分离出来, 并向前输送。

(6) 收卷部分　为保证收卷松紧一致, 收卷轴与复合线速度必须同步, 收卷时张力要保持恒定。

2. 预涂覆膜机基本结构

预涂覆膜机由预涂塑料薄膜放卷、印刷品自动输入、热压区复合、自动收卷四个主要部分, 以及机械传动、预涂塑料薄膜展平、纵横向分切、计算机控制系统等辅助装置。如图 1-4-9 为预涂覆膜机结构图。

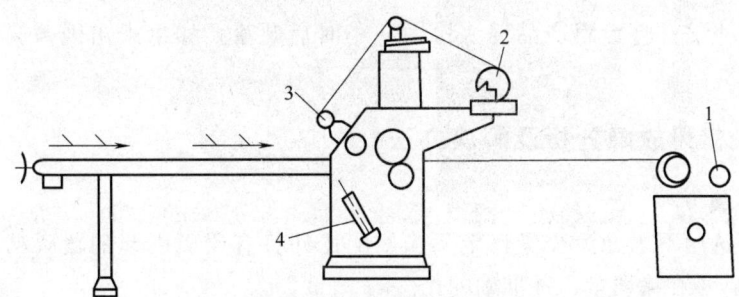

图 1-4-9　预涂覆膜机结构图
1—收卷　2—预涂膜　3—压合　4—液压手柄

(1) 放卷部分　主要由塑料薄膜支撑架和薄膜张力控制系统组成。

(2) 印刷品输入部分　自动输送机构能够保证印刷品在传输中不发生重叠并等间距地进入复合部分, 一般采用气动或者摩擦方式实现控制。

(3) 复合部分　包括复合辊组合压光辊组。复合辊组由加热压力辊、硅胶压力辊组成, 而压光辊组与复合辊组基本相同, 但无加热装置。

(4) 传动系统　传动系统是由计算机控制的大功率步进电机驱动, 经过一级齿轮减速后, 通过三级链传动, 带动进纸机构的运动和复合部分及压光机构的硅胶压力辊的转动。

(5) 计算机控制系统　计算机控制系统采用微处理器, 硬件配置由主机板、数码按键板、光隔离板、电源板、步进电机功率驱动板等组成。

四、覆膜质量要求

1. 根据行业标准 CY/T 28—1999 相关要求, 对覆膜的质量要求如下:

① 印品图案色彩保持不变。

② 产品粘合平整、牢固,折叠、压痕、烫书背等处纸膜不分离。
③ 产品不能有气泡、分层、剥离。
④ 产品表面平整光洁、不能有皱纹、折痕或其他杂物混入。
⑤ 产品不得卷曲。
⑥ 不能出现出膜和亏膜。

2. 覆膜质量检测方法

① 目测法。覆膜之后,对产品的表面质量问题,例如气泡、覆膜不平整、有杂物、出膜或亏膜等,可通过正视或45°角斜看的方法观察检测。

② 摩擦检查法。取适当面积的覆膜产品,用手指或硬物摩擦产品表面,或用手来回搓动覆膜产品,如若未出现塑料薄膜脱离或起泡现象,则说明覆膜牢固。

③ 撕揭检查法。将覆膜产品上的塑料薄膜用手撕去,观察附着在塑料薄膜上的纸质纤维和油墨层,若出现大面积的附着,则说明覆膜牢固。

④ 加热检查法。将覆膜产品放在烘道内,温度设置在65℃左右,经过烘道后,产品没有出现起泡或薄膜脱离等现象,则说明覆膜牢固。

⑤ 加压检查法。使用硬物挤压覆膜产品,也可将覆膜产品放在半自动模切机上,撞上模切版或凸版,加压,观察压痕处,如果未出现气泡或薄膜脱离等现象,则说明覆膜牢固。

⑥ 浸湿检查法。将覆膜产品浸入水中一小时后观察,如果未出现薄膜脱离等现象,说明覆膜牢固。

五、覆膜常见故障分析及解决办法

1. 粘合不良

① 黏合剂选用不当、涂胶量设定不当、配比计算有误而引起的覆膜粘合不良故障,应重选黏合剂牌号和涂覆量,并准确配比。

② 印刷品表面状况不良如有喷粉、墨层太厚、墨迹未干或未干彻底等而造成粘合不良,则可用干布轻轻地擦去喷粉,或增加黏合剂涂布量、增大压力,以及采用光热压一遍再上胶,或改用固体含量高的黏合剂,或增加黏合剂涂布厚度,或增加烘干道温度等办法解决。

③ 因黏合剂被印刷油墨及纸张吸收,而造成涂覆量不足,可考虑重新设定配方和涂覆量。

④ 塑料薄膜表面处理不够,超过使用期,处理面失效,应更换塑料薄膜。

⑤ 复合压力偏小、热压温度过低、车速较快,根据实际情况进行调整。

2. 起泡

① 印刷墨层未干透,则应先热压一遍再上胶,也可以推迟覆膜日期,使之干燥彻底。

② 印刷墨层太厚,则可适当增加黏合剂涂布量,增大压力及复合温度。

③ 复合辊表面温度过高,则应采取风冷、关闭电热丝等散热措施,尽快降低复合辊温度。

④ 覆膜干燥温度过高,会引起黏合剂表面结皮而发生起泡故障,这时应适当降低干燥温度。

⑤ 因薄膜有皱折或松弛现象、薄膜不均匀或卷边而引起的起泡故障，可通过调整张力大小，或更换合格薄膜来解决。

⑥ 黏合剂浓度高、黏度大或涂布不均匀、用量少，用稀释剂降低黏合剂浓度，或适当提高涂覆量和均匀度。

⑦ 油墨中助剂过多，如红、白燥油过多。

⑧ 纸张湿度大，掉粉。

3. 涂覆不匀

① 塑料薄膜厚薄不匀，公差大，应更换塑料薄膜。

② 复合压力太小，应加大复合压力。

③ 胶槽中部分黏合剂固化，应更换或添加黏合剂。

④ 胶辊发生溶胀或变形等都会引起涂覆不匀，应更换胶辊。

⑤ 薄膜松弛，应调整牵引力。

4. 皱膜

① 薄膜传送辊不平衡，应调整传送辊至平衡状态。

② 薄膜两端松紧不一致或呈波浪边，应更换塑料薄膜。

③ 胶层过厚，应调整涂胶量。

④ 电热辊与橡胶辊两端不平，压力不一致、线速度不等，应调整两个辊筒。

⑤ 纸张含水量过高，应提高烘干温度。

5. 覆膜产品发翘

① 印刷品过薄、受潮变形、气候潮湿，应该尽量避免对薄纸进行覆膜加工，另须调整并且控制好车间的温湿度。

② 张力不平衡、薄膜拉得太紧，应调整薄膜张力。

③ 复合压力过大，应减小复合压力。

④ 温度过高，应降低复合温度。

# 精装书的制作

项目描述

现有一本精装书,封面文字需要进行烫印,现已完成印刷工艺得到书籍印张,需要通过烫印工艺完成封面文字的烫金,并通过精装书书芯制作工艺完成工艺书芯制作,最后将封面和书芯进行套封,制作一本精装书。

项目分析

根据产品烫金要求,选择合适的烫印材料,通过烫印设备对印张进行烫金,并将烫印后的印张制作成书壳,制作精装书的书芯,将制作好的精装书书芯和书壳套合成一本精装书。

知识目标

掌握烫印的材料。
掌握烫印的种类。
掌握烫印设备工艺过程。
掌握精装书书壳以及书芯的制作过程。

能力目标

能够正确操作设备完成烫印过程。
能够正确地排除烫印故障。
能够制作精装书书壳。
能够正确地将书芯书壳进行套合。

任务一　封面烫印

一、烫印的基本知识

烫印又称烫箔、烫金,是一种不用油墨的特种印刷工艺。借助一定的压力与温度,将黏合剂熔融,并运用装在烫印机上的模版,使印刷品和烫印箔在短时间内相互受压,将金

属箔或颜料箔按烫印模版的图文转印到被烫印刷品表面的方法。实际是转印,把烫金纸上面的图案通过热和压力的作用转移到承印物上面的工艺。

烫印的作用。烫金图文具有光彩夺目、富丽堂皇的视觉效果,可起到点石成金、画龙点睛的作用,现已广泛应用于纺织品、纸张、塑胶、玻璃、电子电器、玩具、礼品及工艺品等各种行业。通过烫金工艺的加工后的产品不仅图案清晰、美观,色彩鲜艳夺目,耐磨、耐候等,并足以提升产品的档次,符合当今时代潮流,同时又符合当今提倡环保的工业理念,已成为一种国际流行趋势。

烫印的原理。利用热压的作用将铝层转印到承印物表面。粘接层、脱离层受热熔化,在压力作用下使铝层与基膜层分离,而转移到承印物表面。

烫印的种类:

1. 先烫后印和先印后烫

先烫后印就是在空白的承印物上先烫印电化铝,再在铝箔层上印刷图文,其多用在需大面积烫印的包装印刷领域,在烟包上应用较多。而先印后烫则是在已印好的印刷品上烫印需要的图案,这是一种广泛应用的方式,普遍应用于金卡纸、银卡纸、镭射卡纸及玻璃卡纸的烫印。

2. 热烫印

热烫印是借助一定的压力和温度,运用装在烫金机上的模版,使印刷品和烫印版在短时间内合压,将电化铝或彩色颜料箔按烫印模版的图文要求转印到被烫材料表面的加工工艺。热烫印又可分为普通烫印、立体烫印和全息烫印等方式。

(1) 普通烫印 主要是利用热压转移的原理,在压力作用下,电化铝与烫印版、承印物接触,电热板升温使烫印版具有一定的热量,电化铝受热使热熔性的着色层和胶黏剂熔化,着色层粘力减小。而特种热敏胶黏剂熔化后黏性增加,铝层与电化铝基膜剥离的同时转印到了承印物上,随着压力的消除,胶黏剂迅速冷却固化,铝层牢固地附着在承印物上,完成一次烫印过程。

(2) 立体烫印 也称为三维烫印,立体烫印即烫印与压凹凸一次完成,是利用腐蚀或雕刻技术将烫印和凹凸的图文制作成一个上下配合的阴模和阳模,在一定的压力和温度作用下,使印刷品基材发生塑性形变,同时使电化铝箔印到印刷品或其他承印物上发生塑性变形的部位,实现烫印和凹凸一次完成的工艺过程,从而对印刷品表面进行艺术加工,如图 2-1-1 所示。电雕立体烫印版精度高,烫印效果十分精美。电雕刻黄铜版普遍应用于印后加工,通过电脑软件控制,对事先扫描的图像进行三维雕刻,这样制作的烫金版配合预制的凸版,可进行立体烫金。该工艺的关键在于制版,烫印版的图文部分应该是圆角线条,与普通的平面烫印版的直角线条不同,所以,立体烫印版在腐蚀后需要二次加工,技

图 2-1-1 立体烫金版

术难度较大。立体烫印减少了印后压凹凸工序，提高了生产效率和产品质量，并且具有较好的防伪功能。由于立体烫印后的印刷品具有浮雕状的立体图案，不能在其上进行印刷，因此必须采用先印后烫的工艺。

（3）全息烫印　利用电化铝上的全息防伪图案，通过机械控制把完整的图案定位在承印物固定的图案上。这项工艺是利用烫印版．全息防伪电化铝图案和承印物图案三位一体进行定位套准，烫印在承印物上的全息图非常薄，与承印物融为一体，与印刷图案和色彩交相辉映可以获得很好的视觉效果。对于全息烫印，要求记录全息图的介质具有很高的分辨力，激光全息图的信息不损失，以保证烫印后的全息图仍具有很高的衍射效率。

3. 冷烫印

冷烫印是一种全新的烫印工艺，不需要使用加热后的金属版，而是通过将 UV 胶黏剂涂布在印品需要烫印的部位，将电化铝经过一定的压力转移到印品表面的工艺。它具有烫印速度快、生产效率高、成本低、节省能源、有利于环保等优点，但冷烫印不适于粗糙的基材表面，且烫印表面效果和牢固度较差，主要应用于烟酒、医药、化妆品、贺卡等印后加工领域。

二、电化铝烫金

1. 电化铝箔

电化铝箔是一种在薄膜片基上经涂料和真空蒸镀复加一层金属箔而制成的烫印材料。

电化铝箔的厚度一般有 12、16、18、20μm。宽度为 500～1500mm 的聚酯薄膜，国内一般有 16μm 厚、500mm 宽的薄膜，而我们生产的电化铝箔是长 120m，宽 640mm，厚 16μm。如图 2-1-2 所示。

图 2-1-2　烫金箔

电化铝箔是在薄膜片上涂布脱离层、色层、经真空镀铝再涂布胶层，最后通过成品复卷而制成，如图 2-1-3 所示。国产电化铝箔一般为 4～5 层。

电化铝箔的第一层是基膜层。国内一般采用 16μm 厚双向拉伸的聚脂薄膜，主要作用是支撑依附在上面的涂层和便于烫印加工时的连续动作。基膜层在烫印过程中不能因温度上升而发生变形，应具有强度大、抗拉、耐高温等性能。

电化铝箔的第二层是脱离层。

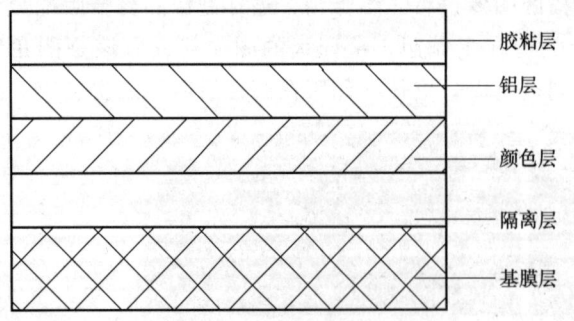

图 2-1-3　电化铝箔的结构

一般主要是有机硅树脂等涂布而成。脱离层的主要作用是在烫印过程中，不管是加热或是加压前，都会使色料、铝、胶层能迅速脱离薄膜而被转移粘结在被烫印物体的表面上。脱离层中的有机硅树脂主要是帮助物质很好的转移，从而使我们做好的成品烫金材料能够烫印到各种各样的物品上去，达到烫印的效果。区别于基膜层中主要的成分是聚酯薄膜，主要是为了在烫印的过程中防止烫印时的拉伸与变化，使烫印的过程完好无缺。不会因为高温度而发生丝毫的变化，具有强度大、耐高温、抗拉等性能。而脱离层要有较好的脱离性能，否则会使烫印后的图文模糊不清、露底发花，影响烫印的产品质量。

电化铝箔的第三层是色层。色层的主要成分：成膜性、耐热性、透明性适宜的合成树脂和染料。色层的主要作用有显示颜色和保护烫印在物品表面的镀铝层图文不被氧化。电化铝箔的颜色根据需要有橘黄、黄、灰、红、绿等多种。色层的颜色通过镀铝层后被赋予光泽，但颜色有一定的变化，如黄色经镀铝后为金色、灰色镀铝后为银色等。在加工过程中对色层涂布的要求是细腻无任何小颗粒，以免出现砂眼而破坏涂布的均匀一致。

电化铝箔的第四层是镀铝层。镀铝层是将有色层等的薄膜，置于连续镀铝机的真空室内，在一定的真空度下，通过电阻加热，将铝丝熔化并连续蒸发到薄膜的色层上，便形成了镀铝层，主要作用是反射光线，改变色层颜色的性质，并使其呈现光泽。

电化铝箔的第五层是胶粘层。胶粘层一般用易熔的热塑性树脂（其种类繁多）通过涂布机涂布在铝层上，经烘干即成胶粘层。胶粘层的主要作用是将烫印材料粘结在被烫物体上。

2. 电化铝烫印工艺过程

电化铝烫印的工作过程：烫印前的准备工作→装版→垫版→烫印工艺参数的确定→试烫→签样→正式烫印。

（1）烫印前的准备工作　烫印材料的准备工作包括选择电化铝箔型号和按规格下料。电化铝箔型号不同，其性能及适烫的材料范围也有所区别，当烫印细小的文字或花纹时，可以选择不易于转移的电化铝箔。使用前还要根据烫印图案面积的大小，将大卷的电化铝箔分切成需要的规格；分切时既要留有一定的余地，又要避免浪费原材料，必须事先计算准确。

① 电化铝箔的质量基本靠目测和手感决定，主要检查电化铝箔的色泽、光亮度，以及砂眼大小和数量等。质量好的电化铝箔色泽均匀，烫印后表面光洁，无砂眼。对于电化铝箔的牢度和紧度一般可通过用手揉搓，或用透明胶带纸试粘表层进行检查。如果电化铝箔不易脱落，说明牢度、紧度较好，比较适宜烫印细小的文字及图案，且烫印时不易糊版；如果轻轻揉搓，电化铝箔就产生脱落，则说明其紧度较差，只能用于图文较粗糙的印刷品烫印。另外，还要注意电化铝箔的接头应越少越好。

值得注意的是，电化铝箔一定要妥善保管，应存放于通风干燥处，不能与酸、碱、醇等物质混放，并要采取防潮、防晒、防高温等措施，否则会缩短电化铝箔的储存寿命。

② 电化铝箔的裁切。按烫印面积的大小及拼数裁切适当宽度电化铝箔，烫印有效面积左右各加 5～10mm。

③ 印刷承印物准备

a. 承印物控制。在选择承印物时要严格控制，对烫印质量要求不高的产品，可以选择表面粗糙、纸质疏松的纸张；对烫印质量要求较高的产品，则应选择质地密实、平滑度高、表面强度大的纸张。

b. 油墨控制。印刷中对油墨的控制主要是指对油墨种类、油墨黏度、油墨添加剂进行控制。

印刷时要选择烫印适性好且与纸张结合较好的油墨，比如要求烫印用的凹印油墨的软化点在150℃以上，否则在后序的电化铝箔烫印过程中会因温度过高而使油墨软化，造成烫印反拉花现象；金银墨粒径大，与纸张的结合牢度相对较低，电化铝烫印容易出现反拉现象，因此，在产品设计时尽量不要考虑在金银墨上烫印大面积的电化铝箔，如果实在避免不了，可以将烫印部位的印刷图案镂空，以解决因油墨与纸张结合牢度不好而造成电化铝箔烫印反拉问题。

油墨黏度的影响主要表现在墨层厚度上，油墨黏度高，转移量相对多一些，墨层相应较厚；反之，油墨转移相对少一些，墨层相应较薄。特别是在高质量的包装印刷中，为了追求更高的印刷质量，通常需要采用2~3个实地叠印，墨层较厚，因而会使外层油墨同纸张的附着牢度变差，造成烫印时油墨反拉现象，影响烫印质量。

添加剂主要是指干燥剂、油墨辅助剂（去黏剂、亮光浆、冲淡剂）等。使用干燥剂主要是改善油墨的干燥性能，加快油墨干燥速度，但如果印刷后间隔时间过长，油墨表面就会形成光亮平滑的玻璃状硬膜，出现油墨晶化现象，造成电化铝箔烫印不上或烫印不牢故障。去黏剂、亮光浆等辅助剂中一般都含有石蜡成分，而电化铝箔的热熔性胶黏剂是不能与蜡类物质粘附的，所以会出现烫印不上的故障。使用冲淡剂会使油墨颜料与连结料之间的结合变得松散，印迹干燥后，在纸张表面的附着力差，产生烫印拉墨故障。因而在印刷过程中，应严格控制各大类添加剂的种类和用量。

c. 印刷参数控制。对烫印质量影响较大的印刷参数主要包括喷粉量、烘干温度、上光和环境温湿度等。

喷粉量。其主要是在油墨表面形成一层阻隔层，达到避免印刷品背面粘脏的目的。但如果喷粉量过大，则会由于浮在墨层表面的喷粉起了阻隔作用，使电化铝箔不能与油墨粘合在一起，导致烫印不上的故障。因而，对于印后加工中需要进行烫印的产品，在印刷时要掌握好喷粉量，尽量减少喷粉。

烘干温度。其对电化铝箔烫印的影响主要表现在油墨的干燥程度上。在印刷过程中，烘干温度过高，则会出现油墨晶化现象，使电化铝箔烫印不上；烘干温度过低，油墨干燥不充分，又会使油墨与纸张的结合不牢固，在电化铝箔烫印时出现反应。因而印刷时应根据油墨种类、印刷图文面积、墨层厚度等合理设置烘干温度。

上光。其主要是为了提高印刷品的亮度。光油中一般含有一些蜡质成分，这些蜡质的加入使印刷品表面变得光滑，不利于同电化铝胶黏剂层的粘合，因而要选择可烫印的光油。印刷中光油的厚度也不能太厚，否则烫印时会造成反拉现象。另外，光油的烘干温度要适中，烘干温度太高，容易造成纸张失水变形、卷曲，浪费能源；烘干温度太低，又会出现干燥不完全现象，造成电化铝箔烫印过程中出现反拉和烫印不上。

环境温湿度。其对烫印的影响主要表现在对油墨的干燥和纸张含水量的影响。如果生产环境温度太低，则会延缓油墨干燥速度，降低油墨与纸张的结合牢度，在烫印时出现反拉故障；如果环境湿度太高，会使纸张的含水量增加，油墨干燥速度变慢，导致油墨与纸张的结合牢度下降，烫印时也出现反拉故障。

（2）装版　烫印版分为铜版、锌版和树脂版。相对来说，铜版最好，锌版适中，树脂版稍差。烫印精细图文时，应尽可能使用铜版，其对烫印版要求表面平整，图文线条清晰、边缘光洁、无麻点和毛刺，如图2-1-4所示。如果烫印版表面略有不平整或轻度擦伤、起毛，可用精炭轻轻擦拭，使之平整光滑。烫印版腐蚀的深度应略深，至少在0.6mm以上，坡度在70°左右，以保证烫印图文清晰，避免糊版现象，同时提高烫印版耐印力。烫印版制作方法包括手工雕刻、机器雕刻以及激光雕刻，如图2-1-5所示。

烫印版一般均是外加工，使用前需要仔细检查，检查的内容主要包括版面是否平整或有毛刺、棱角是否不足整齐、图文是否清晰等，以及烫印版的厚度、腐版深度、坡度是否符合工艺要求等。此外，要对烫印版进行妥善保存，保存前应将版面擦拭干净，保存时要做到分类密封储存。

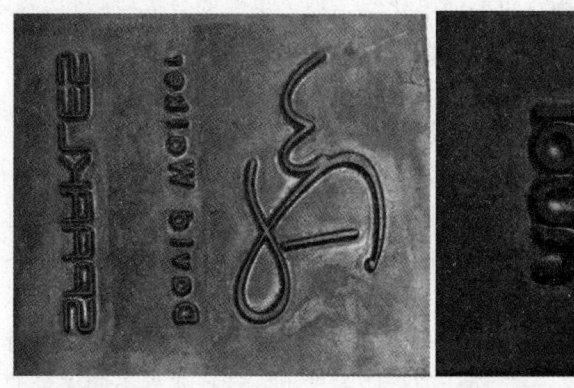

图 2-1-4　烫金版

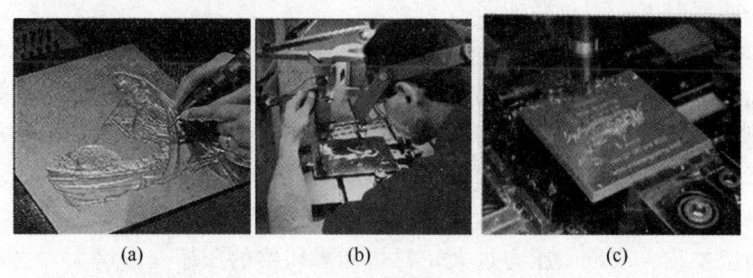

图 2-1-5　烫金版制作
（a）手工雕刻　（b）机器雕刻　（c）激光雕刻

现在装版采用的都是机械方法，具体步骤是把制作好的烫印版与比其略大的铝板铆接成一体，或用单独的一整块钢质模版，制成一个印模。印模制好后用一种特别的圆柱轧头将印模紧固在蜂窝底板上，这样安装的烫印版不但稳固，而且调整位置非常方便，只需松开圆柱轧头紧固螺钉，便可前后、左右任意调整烫印版的位置。

在实际操作中，通常根据胶片将烫印版固定在底版上，安装时应注意根据版位与底板上的蜂窝孔选择合适的轧头，使其在安装后能有一定的间隙可以移动，以便校正烫印版，但要保证将烫印版牢牢固定在底板上，以免轧头和烫印版在生产过程中掉入设备内，损坏设备和底板。

(3) 垫版　烫印版固定后，即可对局部一平处进行垫版调整，使各处压力均匀。平压平烫金机应先将压印平板校平，再在平板背面粘贴一张定量在 100g/m² 以上的铜版纸，并用复写纸碰压得出印样，根据印样清晰程度调整平板压力，直至印样清晰、压力均匀。同时，还可根据烫印情况在平板上粘贴上些软硬适中的衬垫，目的是便于印刷品与印版版面具有良好的弹性接触，从而提高电化铝箔烫印的质量。但是要掌握好衬垫的厚度，以免造成印迹变形；同时要掌握好衬垫的软硬度，以适应不同印刷品的烫印需要。

(4) 确定烫印工艺参数

a. 烫印温度的确定。烫印温度对烫印质量的影响十分明显，烫印温度一定不能低于电化铝箔的耐温范围，这个范围的下限是保证电化铝的胶黏层熔化不充分，会造成烫印不上或烫印不牢，使印迹不完整、发花。温度过高，热熔性膜层超范围熔化，致使印迹周围也附着电化铝箔而产生糊版；也会使电化铝箔染色层中的合成树脂和染料氧化聚合，致使电化铝箔印迹起泡或出现云雾状；还会导致电化铝箔的镀铝层和染色层表面氧化，使烫印产品失去金属光泽，亮度降低。

烫印温度一般为 70~180℃，确定最佳烫印温度应考虑的因素包括电化铝箔的型号及性能、烫印压力、烫印速度、烫印面积、烫印图文的结构、印刷品底色墨层的颜色、厚度、面积以及烫印车间的温度。烫印压力较小、烫印速度快、印刷品底色墨层厚、车间内温度低时，烫印温度要适当提高。最佳烫印温度确定之后，应尽可能始终保持恒定，以保证同批产品的质量稳定。

当同一版面上有不同的图文结构时，选择同一烫印温度往往无法同时满足要求。遇到这种情况有两种解决办法：一是同样的烫印温度下，选择两种不同型号的电化铝箔；二是在版面允许的条件下（如两图文的间隔较大），采用两块电热板，用两个调压变压器控制，以获得两种不同的温度，满足烫印的需要。

b. 烫印压力的确定。施加压力的作用，一是保证电化铝箔能够粘附在承烫基材（如印刷品墨层、白纸）上，二是对电化铝箔烫印部位进行剪切。在整个烫印过程中存在着三个方面的力：一是电化铝箔从基膜层剥离时产生的剥离力，二是电化铝箔与承烫基材之间的粘结力，三是承烫基材表面的固着力，烫印压力要比一般印刷的压力大。若烫印压力过小，无法使电化铝箔与承印物粘附，同时对烫印的边缘部位无法充分剪切，导致烫印不上或烫印部位印迹发花。或烫印压力过大，衬垫和承印物的压缩变形增大，会产生糊版或印迹变粗。设定烫印压力时，应综合考虑烫印温度、烫印速度、电化铝本身的性能、承烫基材的表面状况（如印刷墨层的单薄、印刷时白墨的加放量、纸张的平滑度）等影响因素。一般在烫印温度低、烫印速度快、承烫基材表面墨层厚度以及纸张平滑度低的情况下，要加大烫印压力，反之要减小烫印压力。

c. 烫印速度的确定。烫印速度决定了电化铝箔与承烫基材的接触时间，接触时间与烫印质量在一定条件下是成正比的。烫印速度稍慢，可使电化铝箔与承烫基材粘结牢固，有利于提高烫印质量；烫印速度太快，电化铝箔的热熔性膜和脱离层在瞬间尚未熔化充分，就会导致烫印不上或印迹发花。印刷速度必须与压力、温度相适应，过快、过慢都有弊病。

上述三个工艺参数确定的顺序：先确定烫印速度，然后以承烫基材的特性和电化铝箔的适性为基础，根据印版面积和烫印来确定最佳烫印压力，使版面压力适中、分布均匀，最后确定最佳烫印温度。从烫印效果来看，以较平的烫印压力、较低的烫印温度和稍慢的速度烫印，能够获得比较理想的效果。

3. 烫印设备

烫印设备根据印张类型分有单张纸烫金机和卷筒纸烫金机，单张纸烫金机目前有平压平、圆压平、圆压圆三种类型。这里主要介绍单张纸烫金设备。

（1）平压平烫金机　平压平烫金机中烫金版台及压印版台都是平面，当纸张到达压印版台后，烫金版台向下移动，与压印版台压合，利用温度以及压力完成烫金过程，烫金版台向上运动，印刷品离开压印版台，如图2-1-6所示。

就工艺而言，平压平烫金也是最成熟的烫金工艺，其烫金版的制作在国内就可以配套解决。除了一般的平面烫金版外，还可以制作成三维雕刻的烫金版，达到烫金、压凹凸一次成型。

高速平压平烫金机的生产速度目前已达到了比较高的水平，如博斯特的烫金机生产速度都达到了7000～7500张/h，烫印全息图也达到了6000张/h的速度。国产亚华烫金机也达到了5000张/h的标定速度。

但平压平烫金工艺也有其缺陷，如大面积烫金的效果不如其他两种工艺，因为平压平烫金机的压力是平面压力，而圆压平或圆压圆烫金机的压力是线性压力。也因为同样的原因，对国内大量使用的铝箔卡纸，也要尽量避免大面积烫印。

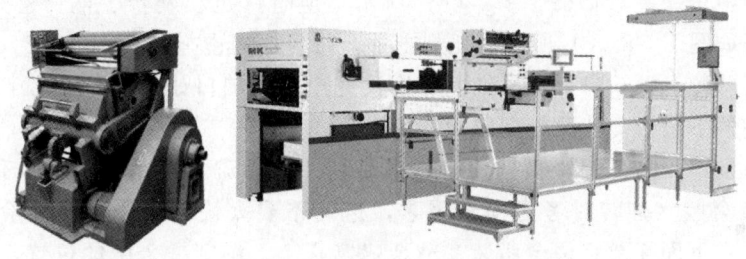

图2-1-6　平压平烫金设备

（2）圆压平烫金机　采用平面烫金版和圆形的压印滚筒。平面的烫金版容易制作，而圆形的压印滚筒又使其烫印压力成为线性，弥补了平压平烫金工艺的不足。

圆压平烫金的缺点是无法做到烫金、压凹凸一次成型，而且，生产速度比较慢，通常在2000～2500张/h。

（3）圆压圆烫金机　圆压圆烫金机中烫金版台及压印版台都是滚筒。圆压圆工艺通常应用于轮转印刷生产线，如窄幅轮转柔印机，实现联线加工，如图2-1-7所示。近年来，轮转设备有向大型设备转变的趋势，如法国尚邦的设备。德国斯大林斯托拿是唯一将圆压圆烫印工艺用于单张纸的设备。

圆压圆烫印的最大优势是高速，如斯托拿的FOIJLET型烫金机速度可以达到12000张/h。

圆压圆烫金的缺点：首先是烫金版，不仅价格昂贵，而且要求很高，必须考虑材料的热胀系数、考虑版材的磨损等多种因素。其次，对铝箔也有特殊要求，即必须能够快速转移，目前国产铝箔还很难达到这一要求，必须使用昂贵的进口特殊材料；再者，圆压圆烫金和凹凸必须在两个机组上实现，即使不考虑其套准误差，至少也需要两套模具，无形中增加了成本。如果市场变化，烫金业务量萎缩，高价值的设备可能投资回报率低，投资风险高。综上都限制了圆压圆烫金工艺的应用。

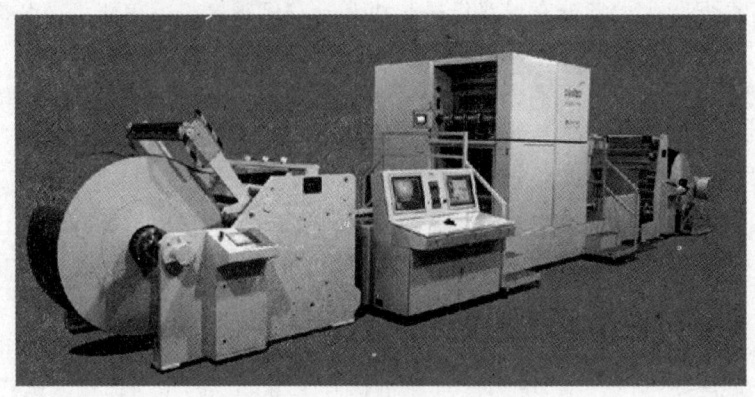

图 2-1-7　圆压圆烫金设备

4. 烫金工艺操作过程（以 MK1060 为例）

（1）烫金版装版过程　如图 2-1-8 所示。选择停车位置开关位于低点位置，如图所示，点动设备，让设备运转到动平台（底板）的最低点如图 2-1-8（a）所示；扳动锁版摇杆开关，解锁烫金蜂窝版如图 2-1-8（b）所示；逆时针扭动旋转手柄，松开并转动压紧块，松开板框如图 2-1-8（c）所示；抓到把手，将板框慢慢拖出如图 2-1-8（d）所示，将板框拖至板框两侧上的缺口对准插销，将插销完全插入缺口如图 2-1-8（e）～图 2-1-8（f）所示；将两侧的下垫板支持滚轮架收回。

拉动侧面推销，向下翻转板框使得板框翻转 180°，确认推销将板框卡住，这时看到的就是烫金蜂窝版（翻转时考虑安全因素，速度不要太快，以免造成危险）如图 2-1-8（g）（h）所示；下面需要将烫金版装在烫金蜂窝板上：确定烫金版的位置：如果有菲林，将菲林的咬口边对齐蜂窝版右边的第二条线，将菲林的中心线对准蜂窝版的中心线，根据菲林图文位置，初步确定烫金版位置。观察烫金版在蜂窝版上的位置，采用合适的夹板锁，利用扳手固定夹板锁如图 2-1-8（i）所示，从而固定烫金版如图 2-1-8（j）所示。拉动侧面推销，向上翻转板框使得板框翻转 180°，确认推销将板框卡住如图 2-1-8（k）所示；将插销从蜂窝版的缺口中拔出，拉动侧面推销，将蜂窝版慢慢推入主机如图 2-1-8（l）所示，必须使得定位块完全插入定位槽中如图 2-1-8（m）所示；扳动锁版摇杆开关，使得烫金蜂窝版被锁紧如图 2-1-8（n）所示；顺时针旋转手柄将压紧块压住板框定位块并锁紧如图 2-1-8（o）所示；关上安全门。

（2）烫金版穿箔过程，如图 2-1-9 所示。将机器停在牙排运动的中间位置（如牙排停在 250°附件），关闭主电源。将机器的放箔架取出，如图 2-1-9（a）所示；将切割好的铝箔让人放箔架上，如图 2-1-9（b）所示，注意放置铝箔的方向以及大致位置，放箔装置是利用铝箔卷端面的摩擦力实现铝箔的张力控制，弹簧压得越紧张力越大，通过移动挡圈改变弹簧压紧力的变化，将放箔架放回设备中，如图 2-1-9（c）所示。开始按照铝箔走向图手工穿送铝箔如图 2-1-9（l）所示，如图 2-1-9（d）所示；调节送箔胶辊，送箔胶辊有宽窄两种胶辊，根据铝箔的宽窄选择，松开内六角螺钉将胶辊松开，放置铝箔，锁紧内六角螺

图 2-1-8 烫金版装版过程

钉固定胶辊与方管上，通过调节螺丝改变胶轮压铝箔的压力，如图 2-1-9（e）所示。利用工具将烫金箔穿过设备烫金部，如图 2-1-9（f）所示；继续按照穿箔图穿箔，如图 2-1-9（g）所示；调节收箔胶辊，收箔胶辊有宽窄两种胶辊，根据铝箔的宽窄选择，松开内六角螺钉将胶辊松开，放置铝箔，锁紧内六角螺钉固定胶辊与方管上，通过调节螺丝改变胶轮压铝箔的压力，如图 2-1-9（h）、图 2-1-9（i）所示。继续穿箔，利用铝箔转向板将铝箔转向收箔毛辊，如图 2-1-9（g）、图 2-1-9（k）所示。

（3）烫金跳步计算 烫印跳步时指每一次烫印之后，铝箔要移动一定距离以躲过已烫

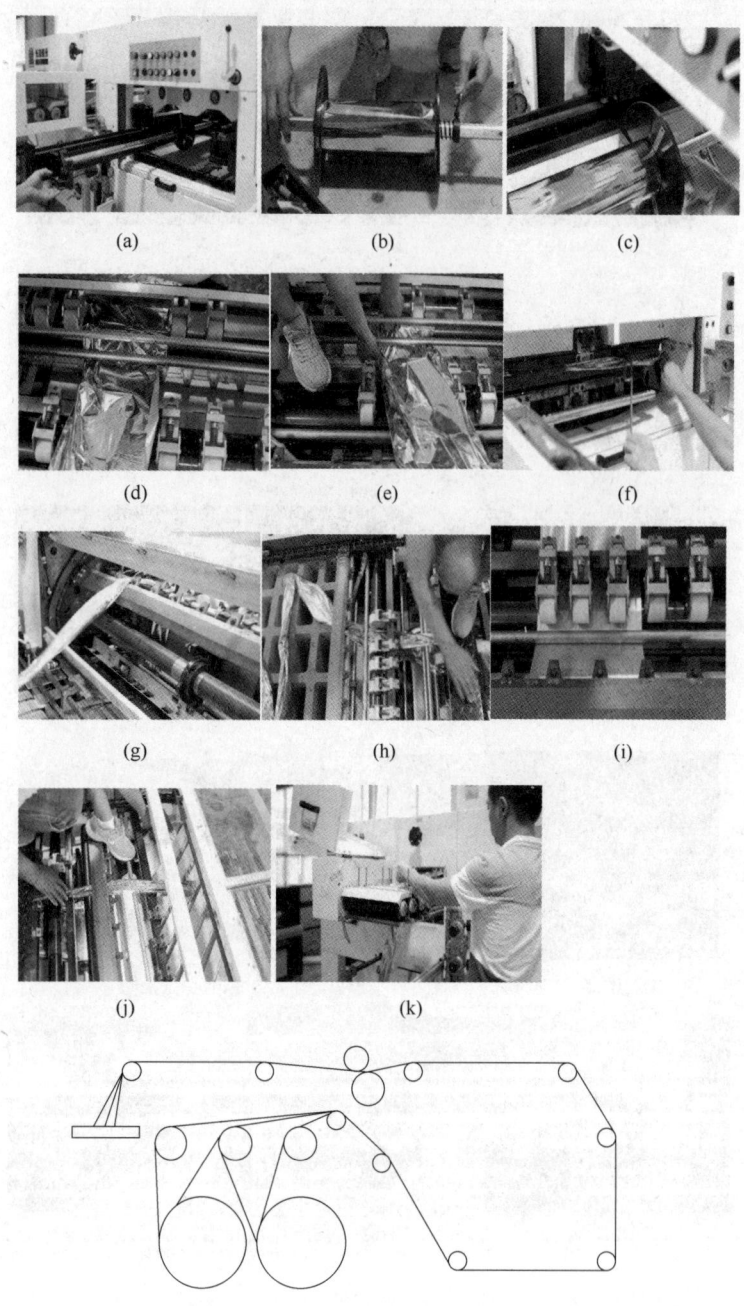

图 2-1-9 烫金版穿箔过程图

过的位置,铝箔的每一次移动称为跳步。

在生产过程中,最大程度的降低成本是提高利润的手段之一,而在烫印过程中,最大程度的成本降低就是使烫金铝箔的利用率提高,也是我们进行烫金铝箔跳步计算的原因。进行跳步计算的基本原则是在尽可能使得每次跳步步距最小的同时,保证每一次跳步均使铝箔的前一次烫印位置躲过烫印版,即看铝箔上烫印躲过的图案有没有重叠现象发生。

如图 2-1-10 所示，铝箔前进方向上，烫印图案的最大尺寸 f，我们称为烫印长度，而在铝箔前进方向上，两个图案间最小距离 b，称为空白长度。

因此，每次烫印以后，我们需要跳过烫印图案以及空白长度，避免图案重叠，那么在本案例中，每次烫印以后，烫金箔需要跳过的距离 $c=f+d$，我们称 c 为步距，也就是铝箔每次移动的距离。

在烫金的跳步计算中，一般来说有如下四种形式；

① 单一规则的图案。单个图案有规则的均匀分布，就如图 2-1-10 所示。

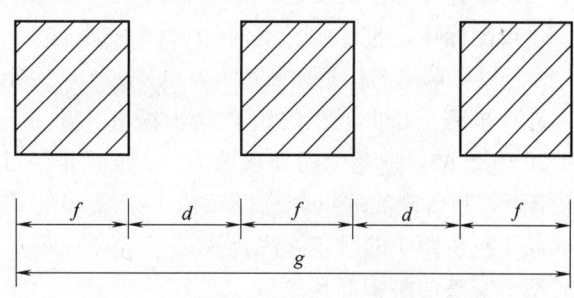

图 2-1-10　烫金跳步示意图

② 两种规则图案。两种图案有规则的均匀分布。

③ 不规则的图案。多种图案不规则的分布。

全息图案。烫印位置精度高，需全息光标定位，每次烫印都需要扫描全息光标。

在这四种跳步中，不规则的图案跳步较为复杂，现以不规则图案跳步为例来讲讲烫金箔的跳步应该如何计算。

如图 2-1-11 所示现有 1 组，2 个不同大小的烫金的图案（一个方形和一个圆形）需要烫金。在图中：N 表示在铝箔行进方向上图标组的数量；X 表示一组图标中间允许插入图标的次数；a 表示在前进方向上一组图标始末的总长度；d 表示在前进方向上，一组图标中，各个图标间的最大距离；e 表示在前进方向上，两组图标间的最大空白长度；f 表示在前进方向上，一组图标中，最大图标的尺寸；g 表示全部图标的最大长度；注意 d 在实际生产中一般是 $1\sim 5mm$，取决于烫印速度，步距的长度等因素。

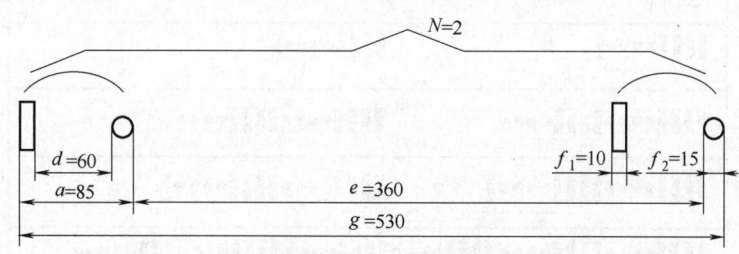

图 2-1-11　不规则跳步示例 1

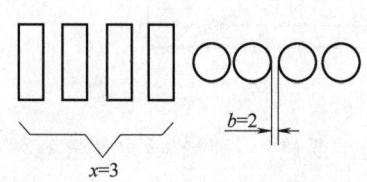

图 2-1-12　不规则跳步示例 2

根据图 2-1-12 所示：

步距 $1=f+b=15+2=17mm$；其中 f 为最大图标圆形的尺寸

计算步距 1 的循环次数 $N=d/$步距 $1=60/17=3.52$，将步距 1 的循环次数取整，令 $N=3$，即设定步距 1 在间距 d 中连续跳步 3 次。

经过步距 1 的 3 次跳步循环以后，需要跳过烫印过的铝箔区域，因此步距 2 循环一次以后，再开始步距 1 循环。

设定步距 1 和步距 2 之间的图标间距 $b_1=1mm$；

单组图标烫印长度 $=f'+f+d=10+15+60=85mm$；

步距 $2=$ 单组图标烫印长度 $+b_1=85+1=86mm$；

计算步距 1 和步距 2 的组合跳步循环次数 $=e/(3×步距1+1×步距2)=360/(3×17+86)=2.62$，取整就循环次数为 2，也就是经过 2 次步距 1 和步距 2 的组合跳，此外，2 次步距 1 和步距 2 的组合跳以后留下未烫印的铝箔长度 $=360-2×(3×17+86)=86$，还可以 3 次步距 1 的跳步，因此在进行 3 次步距 1 的跳步，最后铝箔按照步距 3 跳一次，完成整个完整的跳步循环。

为避免步距 3 跳步时，由于步距太长，铝箔容易伸长和松弛而造成烫印图案重叠，设定步距 3 的图标间距 $b_2=3mm$；

步距 $3=g+b_2=530+3=533mm$。

因此该图案烫印跳步过程应如图 2-1-13 所示：

① 烫印压力的第一次位置。

② 3 次步距 1 跳步，填充 d 空隙。

③ 一次步距 2 跳步，跳过已烫印的铝箔。

④ 3 次步距 1 跳步，填充 d 空隙。

⑤ 一次步距 2 跳步，跳过已烫印的铝箔。

⑥ 3 次步距 1 跳步，填充 d 空隙。

⑦ 一次步距 3 跳步，跳过已烫印的铝箔。

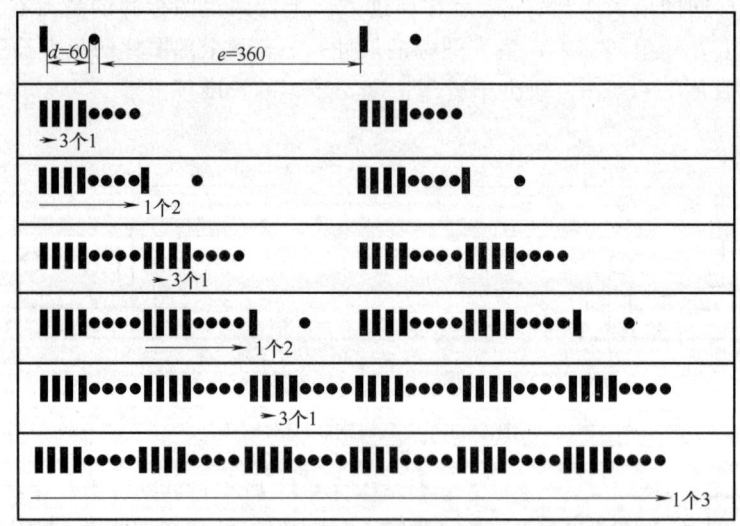

图 2-1-13 烫印跳步过程

（4）调节烫金位置　烫金位置调节是控制烫金质量的重要过程，调节烫金位置有两种方法，一种是纸张位置调节，一种是烫金版位置调节。纸张位置调节主要分为纸张的轴向位置以及周向位置调节，纸张的周向位置调节依靠设备前规调节，纸张的轴向位置调节依靠设备侧规调节，如图 2-1-14 所示。

前规调节。前档规是纸张定位的重要部件，纸质在被牙排叼走前，前档规确保每张纸的叼口边都处于相同的位置。在走纸方向，前规可调整范围为 8mm，允许纸质叼口空白为 9~17mm，标准叼口空白为 13mm。配套有四组分别可调的前档规，并装有四组光电检测电眼。

利用前规调节手轮可精确前规位置，前规调节手轮有三个位置，拉出手轮可同时调节前档规 1-2，推出手轮可同时调节前规 3-4；中间位置为空挡。机器运转时应将手轮置于中间位置，以免运动时前规移位。手轮逆时针旋转叼口空白增大，反之纸张的叼口位置空白减小。

侧规调节。侧规是纸张定位的重要部件，纸张在被牙排叼走前，侧规确保每张纸的侧边都处于相同的位置。机器操作面和传动面分别配备有推规和拉规两个侧规，拉规适用于薄纸和卡纸，推规适用于厚卡纸和瓦楞纸。侧规的调节方法：首先是粗调，放松可调手柄，用手将侧规移动至所需位置，扭紧手柄。细调：利用旋转手轮实现侧规的侧向微量调节。

图 2-1-14　纸张位置调节
(a) 前规调节　(b) 侧规微调　(c) 侧规粗调

烫金版位置调节。调节烫金版的位置：与装版相同，让设备运转到动平台（底板）的最低点；扳动锁版摇杆开关，解锁烫金蜂窝版，逆时针扭动旋转手柄，松开并转动压块，开出板框，并向下翻转 180°，面向烫金蜂窝版，根据样张实际烫金位置，调节烫金版的位置，并在此锁紧烫金版，在此翻转板框 180°，将蜂窝版慢慢推入主机，锁紧烫金蜂窝版。

（5）温度以及压力调节　根据烫金材料，烫金速度，综合设定烫金的温度以及烫金的压力，如图 2-1-15、图 2-1-16 所示。

5. 电化铝烫金的故障排除

（1）烫印不牢　烫印不牢的原因较多，方法也各有差异。总结起来，主要有如下 3 种。

① 由于烫印温度低或压力轻而导致烫印不牢时，可重新调整烫印温度和压力。

② 在印刷过程中，因油墨中加入的燥油过量，使墨层表面干燥过快产生晶化，从而使烫印箔烫印不上。解决方法是首先印刷时尽量预防晶化的出现，其次，如晶化产生后，

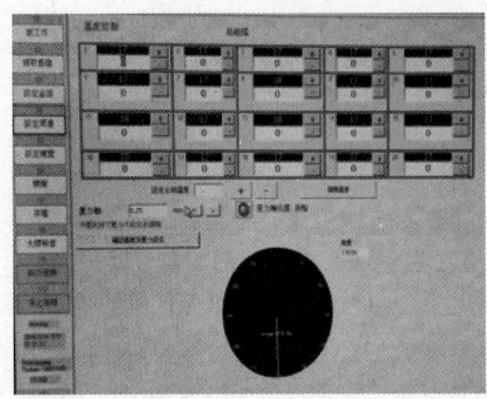 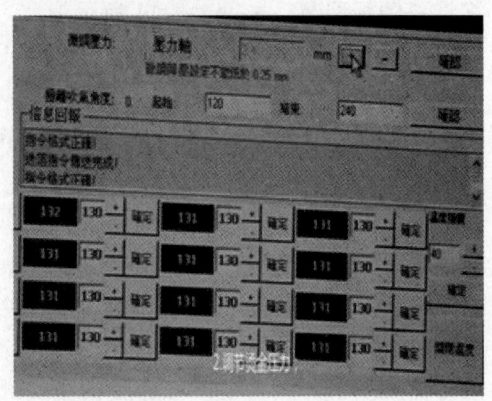

图 2-1-15　烫金温度调节界面　　　　　　　　图 2-1-16　烫金压力调节界面

可取下烫印箔,在加热情况下把印品空压一遍,光破坏其晶化层后,再进行烫印。

③ 在油墨中加入了适量的含有蜡质的撤淡剂、防粘剂或不干性的油性物质也会产生烫印不牢。解决方法是先在印版上粘上一层吸收性强的纸空压一遍,将底色墨层上的蜡质、不干性油质吸附掉后,再进行烫印操作。

(2) 烫印的图文发虚、发晕　烫印过程中,发现图文发虚、发晕的故障,主要烫印温度太高、电化铝箔焦化等原因引起的。如果印版的烫印温度过高,使电化铝箔超过所能承受的限度,此时烫印,电化铝箔会向四周扩展,产生发晕、发虚现象,则必须根据电化铝箔的特性,将温度调整到合适的范围。对于电化铝箔的焦化,主要是烫印过程中停机过久,使电化铝箔的某一部分较长时间与电热高温印版接触而发生受热焦化现象,图文烫印后就会发晕。因此,在生产过程中如遇停机应降低温度,或将电化铝箔移开,也可以在温度较高的印版前放一张厚纸,使电化铝箔于印版隔离。

(3) 字迹模糊、糊版　产生这个故障的主要原因是烫印温度过高、电化铝镀铝层过厚、压印力量过大、电化铝安装松弛等造成的。要根据具体情况采取相应的措施解决。烫印温度过高是引起字迹不清和糊版的主要原因,电化铝箔烫印过程中,若印版温度过高,造成片基层和其他膜层转移、粘化,造成字迹不清和糊版。则烫印时应根据电化铝箔的温度适用范围,适当调低烫印温度。此外,应选择镀铝层较薄的电化铝,调整合适的压力,并适当调整压卷滚筒压力和收卷滚筒拉力。

(4) 图文边缘不平整、不清晰　主要表现为电化铝箔烫印时,图文边缘发生毛边现象,影响印刷质量。产生这种现象的主要原因有:印版压力不匀,主要是装版时版面不平整,引起版面各处的压力大小不均匀,有的压力太大,有的偏小,从而使图文受力不均,则烫印电化铝箔时表面不光洁,各部分与承印物粘合力不一样,造成印迹不齐整。因此烫印电化铝箔的印版,必须垫平垫实,保证烫印压力均匀,才能保证图文清晰。此外,如果烫印时印版压力过大,也能造成图文印迹不齐整。因此在烫印过程中,就要调整烫印压力至合适程度,要保证压印机构的垫贴按图案的面积精确贴合,不移位、不错动。这样,才能保证烫印时图文与垫贴层相吻合,避免图文四周发毛。另外,同一块版烫印后压力不匀,这是因为图文面积大小悬殊,应将大面积图文压力加大,可用垫纸方法校正,调整大小面积的压力,使其相等。最后,如果烫印时温度过高也会造成图文印迹不齐整。因此,要按电化铝箔的特性,合理控制印版的烫印温度,才能保证图文四边光洁、平整、不发毛。

(5) 图文印迹残缺不整、缺笔断画　这个故障主要是电化铝箔输送、印版损坏或变形等原因造成的。例如，印版损坏或变形，这是造成图文印迹残缺不全的重要原因之一。因此，如发现印版损坏，应立即修复或更换印版。印版变形使印版承受不了所施加的烫印压力，应更换印版并调整压力。如果电化铝箔裁切和输送偏差，电化铝箔横向裁切时留边太小或裁切歪斜放卷输送时发生偏离，就会使电化铝箔与印版图文不吻合，部分图文露边而造成残缺不全。为防止出现这样的问题，应在裁切电化铝箔时，使其整齐平整，适当增加留边尺寸。电化铝箔输送速度与紧度不当也会产生这种故障。电化铝箔送料和接料装置发生松动移位，或电化铝箔卷芯与放卷轴之间松动，放卷速度发生变化等，电化铝箔松紧程度发生变化等，使图文位置发生偏离，造成图文残缺。这时要调整收卷和放卷位置，但若烫印箔过于张紧，则应适当调整压卷滚筒压力和收卷滚筒拉力，保证电化铝箔有合适的速度和紧度。烫印材料与被烫印物不适或印刷时喷粉过多也会出现这种故障，则应注意调整。此外，印版部分在底板的位置发生移动、掉落，压印机构的衬垫移位等，使正常的烫印压力不均匀，就会造成图文印迹残缺不全，如压力过轻，可加大压力。因此，在电化铝烫印过程中，应经常检验烫印质量，发现质量问题立即进行分析，并检查印版和衬垫物。发现印版移动或衬垫物移位，及时调整，把印版和衬垫物放回原位固定。

(6) 烫印不上或图文发花　烫印时，图文出现发花露底或根本烫印不上，主要原因有：

① 烫印温度过低，印版烫印温度过低达不到电化铝箔脱离片基并转印到承印物上所需要的最低温度，烫印时，电化铝箔没有完整地转移，致使图文发花、露底或烫印不上。发现这种质量问题，要及时适当地调高电热板温度，直到烫印出完好的印品。

② 烫印压力小。烫印过程中，如果印版烫印压力过小，对电化铝箔施加的压力过轻，则电化铝箔无法顺利转移，使烫印图文不完整。发现这种情况应先分析是否属于烫印压力小，外观察压印痕迹轻重，若属于烫印压力小应增大烫印压力。

③ 印刷墨层问题：在油墨中加入了适量的含有蜡质的撤淡剂、防黏剂或不干性的油性物质也会产生烫印不牢。解决办法是先在印版上粘上一层吸收性强的纸空压一遍，将底色墨层上的蜡质、不干性油质吸附掉后，再进行烫印操作。

④ 印件表面喷粉太多或表面含有撤黏剂、亮光浆之类的添加剂，妨碍了电化铝箔与纸张的吸附。解决办法是表面去粉处理或在印刷工艺中解决。底色干燥过度，表面晶化，使电化铝箔烫印不上。烫印时，底色干燥程度在可印范围内立即印刷。印刷底色时，墨层不应太厚，印刷量大时，要分批印刷，适当缩短生产周期，一旦发现晶化现象，就应立即停止印刷，查找、排除故障后再继续印刷。

⑤ 电化铝箔型号不对或质量不好。电化铝箔型号不对或质量不好时，也使烫印质量出现问题。这时应更换型号合适、质量好、粘合力强的电化铝箔。烫印面积较大的承印物，可连续烫印两次，可以避免发花、露底和烫印不上。

(7) 图案烫印无光泽　这种情况多数是因为烫印温度太高，应适度降低电热板温度，此外，要尽量少打空车，减少不必要的停车，因为空车、停车都会使电热板温度升高。

(8) 烫印质量不稳定　主要是使用同种材料，但烫印质量时好时坏。主要原因有材料质量不稳定、电热板温度控制有问题或压力调节螺母松动。可先更换材料，若故障依旧，可能就是温度或压力的问题，应先后对温度和压力进行调整控制。

（9）烫印后漏底　主要原因是被烫物花纹太深，应更换被烫物花纹；压力太小，温度太低，则可加大压力，提高温度。

（10）反拉　反拉是指在烫印后电化铝箔将印刷品表面油墨或光油等拉走的现象。区分反拉与烫印不上的简单方法：观察烫印后的电化铝胶粘层，若其上留有底色墨层的痕迹，则可断定为反拉。

反拉产生的原因：①印刷品底色墨层没有干透；②在浅色墨层上过多地使用了白墨作冲淡剂；③纸张表面强度低。

预防反拉故障的根本措施：掌握印刷品印刷后到烫印电化铝箔的间隔时间；且印刷时要控制好燥油的加放量，一般在0.5%左右；禁止印刷时单独用白墨作冲淡剂，将撤淡剂与白墨混合使用，但白墨的比例应控制在60%以下。在工艺允许的情况下，最好在底色墨层的烫印部位在制版时就留出空白，使烫印电化铝箔不与墨层粘合，而与留出的空白粘合。

任务二　精装书制作

一、精装书介绍

1. 精装书定义

精装是书刊装订加工中一种精致的装帧方法，通常指对书芯和封面进行精致造型加工。而精装书顾名思义就是造型美观、挺括坚实、翻阅方便的精装书籍。精装书籍如图2-2-1所示。

图 2-2-1　精装书示例

2. 精装书结构

精装书由书壳与书芯，加入堵头布、纱布、衬纸等材料复合而成。精装书结构如图2-2-2所示。

3. 精装书分类

精装书按照书背（书脊）的形状可分为方脊（平脊）和圆脊两大类。图2-2-3分别为方脊与圆脊精装书示例。

二、精装书制作工艺

精装书制作工艺指的是折页、配页、订书、切书以后对书芯及书籍的外形进行加工的

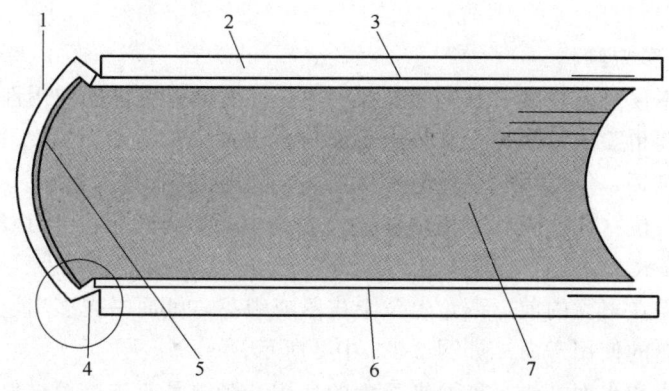

图 2-2-2 精装书结构示意图

图 2-2-3 方脊与圆脊示例图

工艺，主要有书芯加工、书壳制作及上书壳三大工艺过程。如图 2-2-4 为精装书的制作流程图。

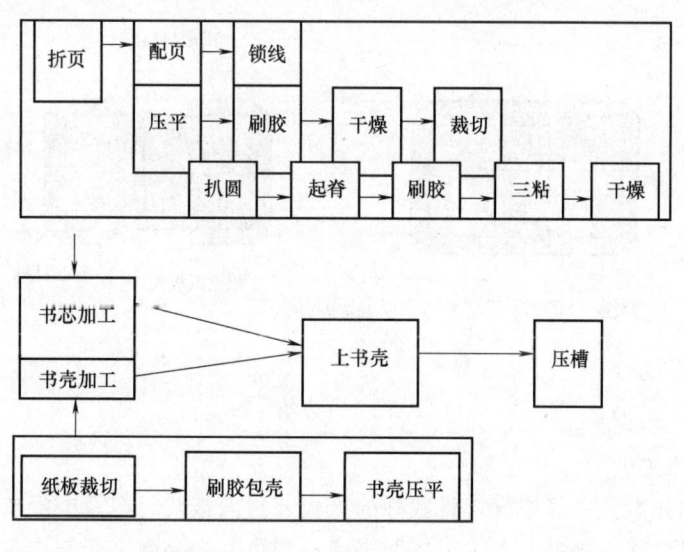

图 2-2-4 精装书制作流程

三、书壳制作

1. 书壳的外形与结构

精装书书壳不仅能够装饰书籍,还能保护书籍使其具有完好的使用性。

(1) 方角、圆角、包角书壳　前口边与天头位(或地脚)呈圆角的书壳为圆角书壳。圆角书壳加工较麻烦,但使用时书壳角不易损坏。如图 2-2-5 中 a 所示。

前口边与天头位(或地脚)互相垂直的为方角书壳,方角书壳加工方便,但易损坏。如图 2-2-5 中 b 所示。

包角书壳则是在书壳的前口两角上包上皮革或织品,纸面书壳多用包角,用织品包上书角可以延长书籍的使用寿命。如图 2-2-5 中 e 所示。

(2) 整面书壳和半面书壳　整面书壳指的是用一张织品或皮革等材料,将两块书壳纸板连接糊制在一起的书壳。如图 2-2-5 中 c 所示。

半面书壳指的是先用一张较小的织品或皮革把两块书壳纸板连接起来,再用织品或纸张糊上两面的书壳。如图 2-2-5 中 d 所示。

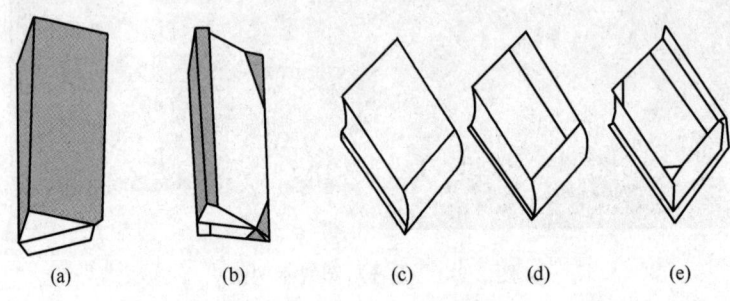

图 2-2-5　书壳外形图
(a) 圆角　(b) 方角　(c) 整面　(d) 半面　(e) 包角

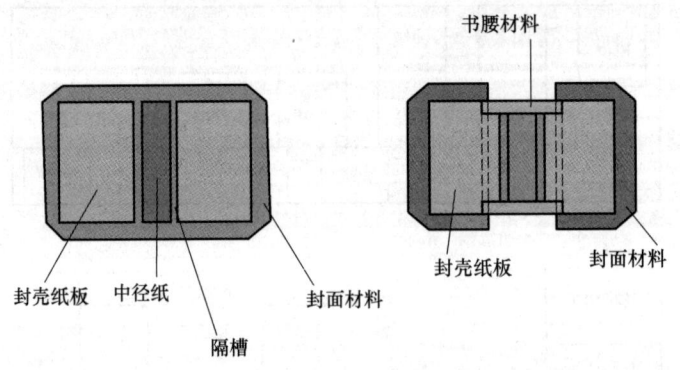

图 2-2-6　书壳结构图

2. 书壳制作工艺

根据不同的开本及书芯厚度,将裁好的纸板、封面裱装材料及中径按一定的规格粘合在一起的工艺过程称为制书壳。工艺按照书壳种类可分为整面书壳制作工艺与接面书壳制作工艺。

整面书壳制作工艺：刷胶→组壳→包壳→压平。如图 2-2-7 所示。

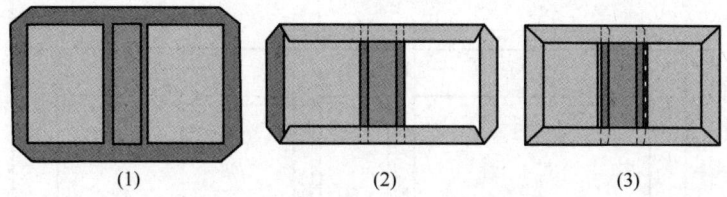

图 2-2-7　整面书壳制作工艺示意图
(1) 贴上封皮　(2) 上下对折封皮　(3) 折叠两边封皮

接面料手工制作工艺过程：刷胶→组壳→中径包边→刷胶→包边→压平。如图 2-2-8 所示。

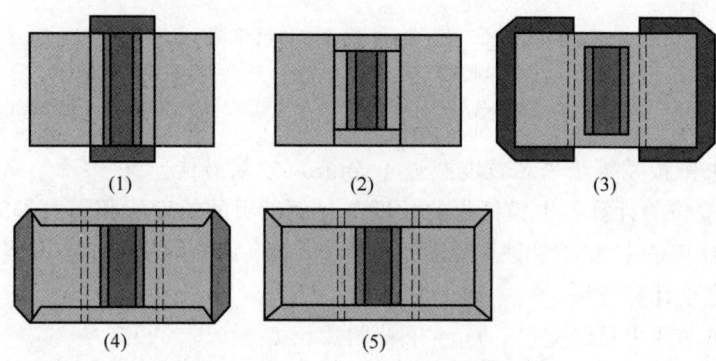

图 2-2-8　接面书壳制作工艺示意图
(1) 中径纸上贴封皮　(2) 上下折叠中径纸上封皮　(3) 封壳贴上封皮
(4) 上下折叠封皮　(5) 折叠两边封皮

（1）刷胶　刷胶是精装书壳加工的第一道工序，软质封面料的反面为着胶面。涂胶应均匀，胶层厚薄适当。

（2）组壳　组壳是指将硬纸板和中径纸板摆放在着胶封面一定位置的操作。该操作要求摆放位置准确，与封皮粘合牢固，否则会影响书壳的造型与外观质量。

（3）包壳　包壳是指将软质封面经组壳后包住硬质纸板的操作。包壳包括包四边和塞角两项内容，正确的顺序应该是包天头与地脚→塞角→包两边。

（4）压平　压平是为包壳后封面与纸板粘合紧密牢固不起泡，外观平整而进行的一道工序。所用的方法需要根据书壳粘料干燥性能以及环境的温湿度而定，一般采用自然压平法，如若环境过于干燥，书壳已经翘角，可使用压平机压平。

3. 书壳用料计算

（1）整面书壳用料的计算　整面书壳材料规格如图 2-2-9 所示，其中飘口距离一般在 2～4mm 之间，书槽宽度一般在 7～10mm。

根据上图所示，可知前后封纸板、中径纸及封面的外形尺寸规格和用料计算如下：

① 纸板尺寸。书壳纸板的长度 a 应等于书芯的高度 h 加上天头和地脚两边的飘口宽度 C 即：$a=h+2C$。

书壳纸板的宽度 b 应等于书芯的切口到订口之间的距离 m，加上一个飘口，减去订口边的书槽宽度 E，即：$b=m+C-E$。一般来说，当方背书纸板宽等于书芯宽度减去

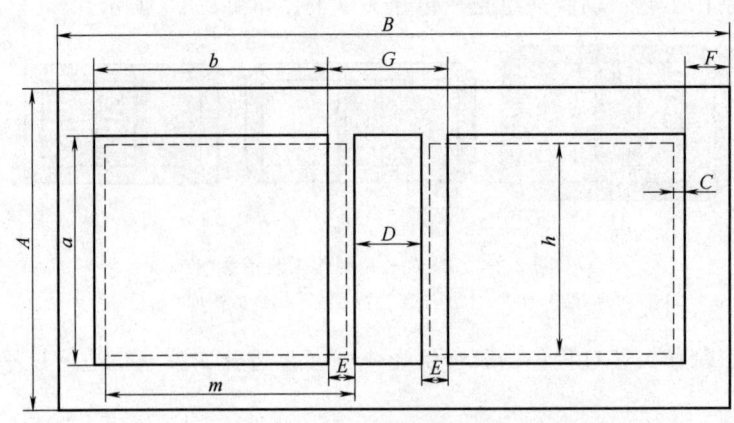

图 2-2-9　整面书壳材料规格图
a—纸板长　b—纸板宽　h—书芯高　m—书芯切口到订口距离
A—整面书壳面料长　B—整面书壳面料宽　C—飘口　D—中径纸宽　E—书槽　F—包边宽度　G—中径宽

3.5mm，圆背书纸板宽等于书芯宽度减去 4.5mm，效果最佳。

② 中径纸规格的计算。中径纸板的长度与封面纸板的长度 a 相等，即 $a=h+2C$。中径纸板的宽度 D 应依书芯的厚度及其加工的形式而定。以下为几种常用精装书芯加工形式下的中径纸宽度计算方法：

圆背无脊书芯的中径纸宽度：D_1＝书背圆弧长 L_1；

圆背有脊书芯的中径纸宽度：D_2＝书背圆弧长 L_2；

方背假脊书芯的中径纸宽度：D_3＝书芯厚度与 2 倍的书壳纸板厚度之和；

方背书芯的中径纸宽度：D_4＝书芯厚度。

据实际测量，圆背无脊书芯书背的圆弧长度，是以书芯的厚度为直径所做圆的 130°角所对应的圆弧长度，其计算公式为：

$$L_1=\frac{130°\pi R_1}{180°}\approx 2.3\times R_1$$

公式中 R_1 为 1/2 的书芯厚度。

圆背有脊书芯的弧长的计算公式为：

$$L_2=\frac{130°\pi R_2}{180°}\approx 2.3\times R_2$$

公式中 R_2 为 1/2（书芯厚度＋2 个书壳纸板厚度）

③ 封面规格计算。整面书壳面料长度 A 等于纸板长度加上天头地脚的包边，即：$A=a+2F$。而宽度 B 则为纸板宽加包边宽的 2 倍加中径宽度，即：$B=2(b+F)+G$。其中包边一般为 12～15mm，如果纸板厚度超过 3mm，包边宽度需额外增加两倍纸板厚度。

例 1：某精装书为 16 开本，书芯高 260mm，书芯宽 185mm，书芯总厚 30mm，封面纸板厚 3mm，飘口取 3mm，包边 15mm，圆背书槽 8mm，起脊弧度 130°，方背书槽 10mm，计算封面书壳用料。

封面纸板：

圆背纸板长＝书芯高＋飘口×2＝260＋3×2＝267mm

方背纸板长＝书芯高＋飘口×2＝260＋3×2＝267mm

圆背纸板宽＝书芯宽－4.5mm＝185－4.5＝180.5mm
方背纸板宽＝书芯宽－3.5mm＝185－3.5＝181.5mm
中径纸板：
圆背中径纸板长＝方背中径纸板长＝封面纸板长＝267mm
圆背中径纸板宽＝2.3×一半书芯厚度＝2.3×15＝34.5mm
方背假脊中径纸板宽＝书芯厚度＋2×书壳纸板厚度＝30＋2×3＝36mm
方背中径纸板宽＝书芯厚度＝30mm
封面面料：
圆背面料长＝书壳纸板长＋2×天头地脚的包边＝267＋2×15＝307mm
方背面料长＝书壳纸板长＋2×天头地脚的包边＝267＋2×15＝307mm
圆背面料宽＝(纸板宽＋书槽宽)×2＋中径纸板宽＋2×包边＝(180.5＋8)×2＋34.5＋2×15＝441.5mm
方背假脊面料宽＝(纸板宽＋书槽宽)×2＋中径纸板宽＋2×包边＝(181.5＋10)×2＋36＋2×15＝449mm
方背面料宽＝(纸板宽＋书槽宽)×2＋中径纸板宽＋2×包边＝(181.5＋10)×2＋30＋2×15＝443mm

（2）接面书壳材料规格如图 2-2-10 所示。

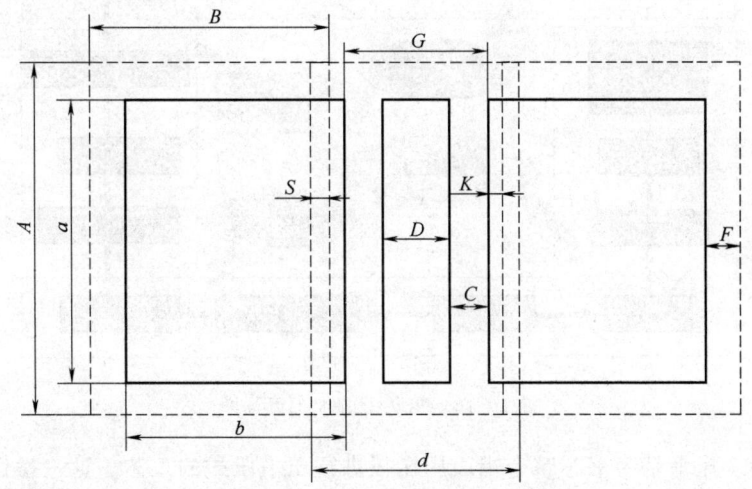

图 2-2-10　接面书壳材料规格图
d—布腰宽　a—书壳纸板长　b—书壳纸板宽
A—接面面料长　B—接面面料宽　C—书槽　D—中径纸宽　F—包边
G—中径宽　K—布腰边沿　S—书壳面料与布腰粘接宽度

前后封纸板、中径纸、封面及布腰的尺寸规格和用料计算如下：
① 纸板尺寸及中径纸规格，同整面书壳计算。
② 布腰规格计算：
布腰长度和接面面料长度 A 相同，即：$A＝a＋2F$，布腰的宽度 $d＝2(K＋S)＋G$。
③ 封面规格计算：
封面长度与布腰长度相同，封面宽度为纸板宽度减去布腰边沿再加上包边宽度，即：

$B=b-k+F$

四、书芯制作与加工

1. 书芯造型

书芯造型是指对锁线、切边后的单本书芯进行造型装饰的加工。其可分为方背、圆背、方角、圆角。如图 2-2-11 所示。

2. 书芯加工过程

精装书芯加工，一般指折、配、锁以后的加工。加工过程一般包括压平、刷胶烘干、压脊、裁切、扒圆、起脊、上书壳、整形压槽九个工序。加工流程如图 2-2-12 所示。

以上加工流程适用于圆背有脊书芯的加工，圆背无脊书芯加工不需要起脊操作，方背有脊书芯不需要扒圆操作，方背无脊书芯不需要扒圆和起脊操作。

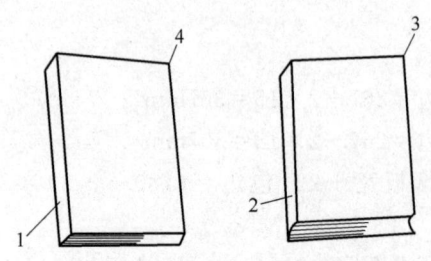

图 2-2-11　书芯造型
1—方背　2—圆背　3—圆角　4—方角

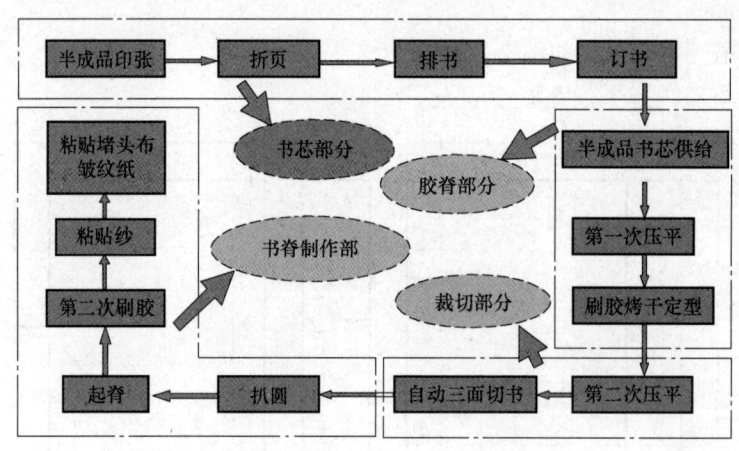

图 2-2-12　精装书芯加工流程图

（1）压平　压平是对书芯整个幅面用压板进行压平压式的工艺。这一操作的作用是挤出书芯书页间残留的空气，使书芯平整、结实、厚度均匀，以利于后面工序的加工和提高书籍质量。

（2）刷胶烘干　刷胶是在书背上刷胶，使书帖粘接在一起的工序。目的是使书芯基本定型，防止后序加工时书帖之间的相互错动。而烘干是对刷胶后的胶液进行干燥的方法。

（3）压脊　压脊是指对书脊部分的加压工作。目的是压平刷胶烘干工序书芯书脊部分所产生的膨胀，保证裁切质量。

（4）裁切　裁切是指用三面切书机对刷胶烘干、压脊后的书芯进行裁切。

（5）扒圆　扒圆是指把书背做成圆弧形，使书芯的各个书帖以至书页相互均匀地错开，切口形成一个圆弧的工序。目的是便于书籍翻阅，提高书芯与书壳的连结牢度。

① 扒圆原理与流程。如图 2-2-13 所示，扒圆前的书芯用下图的实线表示，加工时，

两个扒圆辊 1、2 从书芯两侧同时以一定的压力，将书夹紧，然后扒圆辊按图示的箭头方向转过一个角度，于是书芯在扒圆辊的作用下向下移动，书背被扒成圆弧状，如下图虚线所示。弧度大小与扒圆辊的压力与转角有关。扒圆辊在转动的过程中，由于压力的作用，书芯会随着扒圆辊的转动而移动，但每帖的移动速度不同。设线速度为 V，角速度为 w，转动半径为 R。根据公式 $V=wR$ 可知，离扒圆辊轴心越远的书帖，移动速度越快。由于书帖同时从两面受到两个互为反向转动的扒圆辊作用，使得中间的书帖移动速度最快，越往两边越慢，最外面的书帖运动最慢，于是形成了圆脊。

② 冲圆。它是为扒圆工序创造良好的基础，使扒圆辊的转角不至太大。其工作原理如图 2-2-14 所示。图 2-2-14 中（a）是书背朝下的情况，而图 2-2-14 中（b）是书背朝上的情况。1 为冲模，2 为底模。图 2-2-14 中（a）中冲模制成凸形，底模制成凹形，图 2-2-14 中（b）中则与之相反。底模一般固定不动，书芯穿送过来后停在底模 2 上，冲模 1 向下压向书芯，在 1 和 2 的共同作用下，书芯被冲出圆弧。冲模和底模根据不同圆弧要求可以更换。

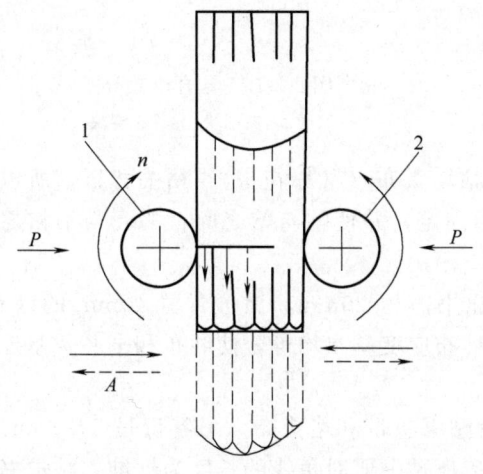

图 2-2-13　扒圆工作原理示意图
1、2—扒圆辊

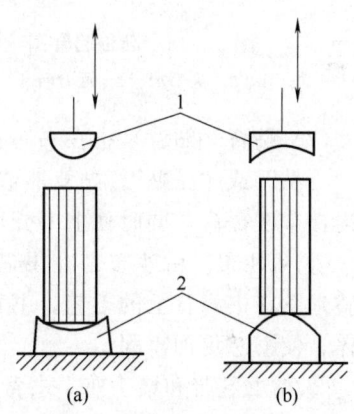

图 2-2-14　冲圆工作原理
1—冲模　2—底模

（6）起脊　起脊是指将扒圆后书芯的书背与环衬在连接处加工出脊垄，形成沟槽的过程。起脊能够防止已扒好圆的书芯回圆变形、使书籍外形整齐美观、提高书耐用程度，同时也使书壳易于开合。起脊的方法有两种，即辊式起脊和起脊块起脊。

① 辊式起脊。辊式起脊可以采用单辊式或双辊式两种方法，工作原理如图 2-2-15 所示。图中所示的是书脊朝下的情况，a 是单辊式，b 是双辊式。书芯送到工位后，夹书块 1/2 分别从两面将书牢牢夹紧。然后起脊辊子 3 向上以压力 P 压紧书脊，同时左右摆动 n 将书帖的书背部向两端揉倒，挤出书脊。工序完成后，起脊辊子 3 向下运动，夹书块松开，等待下个书芯。以此看出，起脊辊子做上下运动 b 和左右摆动 n，夹书块做左右运动 a。

② 起脊块起脊。相对于辊式起脊，起脊块起脊效果好。而它需要准备不同尺寸的起脊块，以适应不同书芯尺寸的加工要求。其工作过程如图 2-2-16 所示。

书芯由夹书块1与2夹紧,然后起脊块以压力 Q 压紧书背并向两面摆动 n,相当于以书脊顶部中点 M 做左右晃动,因此形成书脊。同辊式起脊,起脊块做上下运动 b 和左右摆动 n,夹书块做左右运动 a。

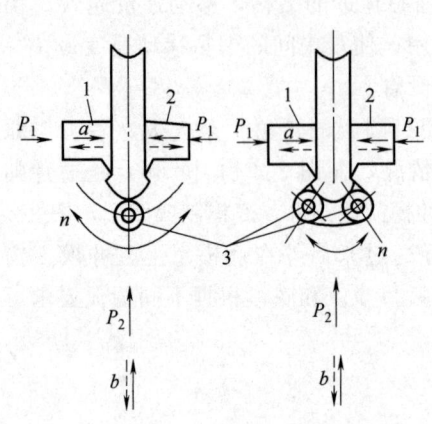

图 2-2-15　圆辊起脊图
1、2—夹书块　3—起脊辊子

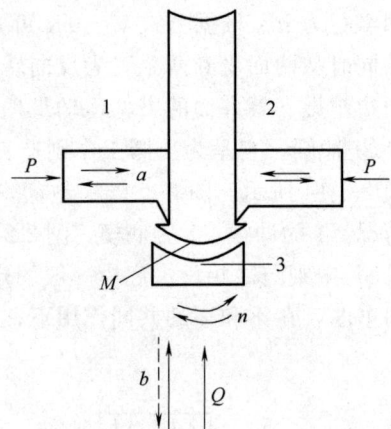

图 2-2-16　起脊块起脊图
1、2—夹书块　3—起脊块

（7）贴背　贴背是指在书芯背上粘纱布、粘堵头布（又称花头）、粘书背纸,所以又称"三粘"或"三贴"。贴背能够使书芯的外形固定,并使帖与帖之间、书壳与书帖之间的连接牢度提高,同时使上书壳后的书籍美观、耐用。

① 粘纱布。粘纱布是在书芯刷胶后,将比书芯短 20mm,比书背宽 40mm 的纱布,平整地贴在书脊背上的工艺。书背两边留出的纱布应变基本均等,使纱布和书芯背基连为一体,使书芯更加牢固。

② 粘书签带和堵头布。书背第二次刷胶后贴书签带和堵头布。书签带是 5~8mm 宽的丝质织带,起着书签的作用,所取长度一般以所贴书册对角线的长度为标准,粘进书背天头上端约 10mm,夹在书页的中间,下面露出书芯的长度为 10~20mm。

粘堵头布是按照书芯脊背的圆弧长度,将堵头布粘在书脊背的天头和地脚的边沿,紧靠切口的工序。粘贴堵头布的作用：一是牢固书背两端的书帖、盖住书帖痕迹;二是装饰书籍外观。

堵头布是丝或棉的织物条,约宽 15mm,一边有圆垄高出,有单色和彩色之分。按照书芯脊背的圆弧长度,将堵头布粘在书脊背的天头和地脚的边沿,使圆垄露出书芯边,既保护书芯,同时与封面颜色相衬以增加美感。粘堵头布时粘贴位置要正确,不歪斜,线棱正确地露在书芯下端切口外面（其棱边应与书芯上下切口面要平行）,粘紧不弯曲,无皱褶。

③ 粘书背纸。粘书背纸是将书背纸对准书芯脊背的中线贴在书背上的加工作业。将长度比书芯短 2mm,宽度等于书芯脊背弧长的书背纸,对准书芯脊背的中线贴在书背上,不可歪斜和皱褶。粘书背纸的作用是将书背纸和堵头布、纱布及书芯背部连为一体,使堵头布在书背上粘得更牢,同时也防止书芯背部与书壳粘贴。粘书背纸可以手工完成,但更多的是用书芯贴背机完成。

"三粘"的整体流程如图 2-2-17 所示：

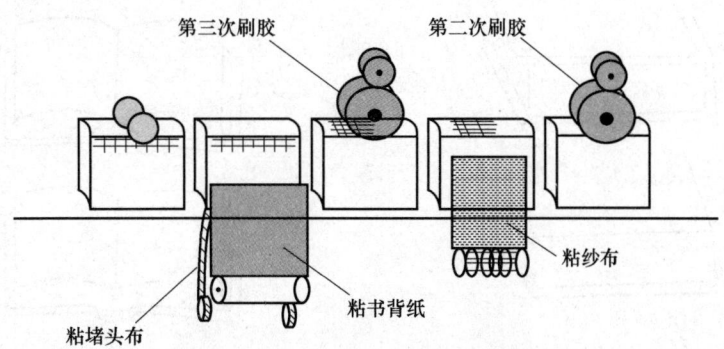

图 2-2-17 三粘流程示意图

经过"三粘"之后的书芯如图 2-2-18 所示：

五、精装书套合

书芯加工、书壳制作完成之后，就需要对书芯与书壳进行套合加工，即精装书套合。精装书套合形式有两种，分别是方背书芯套合形式与圆背书芯套合形式。套合流程如图 2-2-19 所示：

1. 方背书芯套合形式

方背假脊，如图 2-2-20（a）所示；方背平脊，如图 2-2-20（b）所示；方背方脊，如图 2-2-20（c）所示。

2. 圆背书芯套合形式

软背，如图 2-2-21（a）所示；硬背，如图 2-2-21（b）所示；活腔背，如图 2-2-21（c）所示。

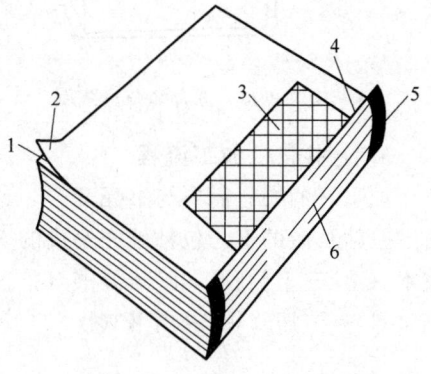

图 2-2-18 "三粘"后的书芯
1—书芯 2—衬纸 3—纱布
4—背胶 5—堵头布 6—背脊纸

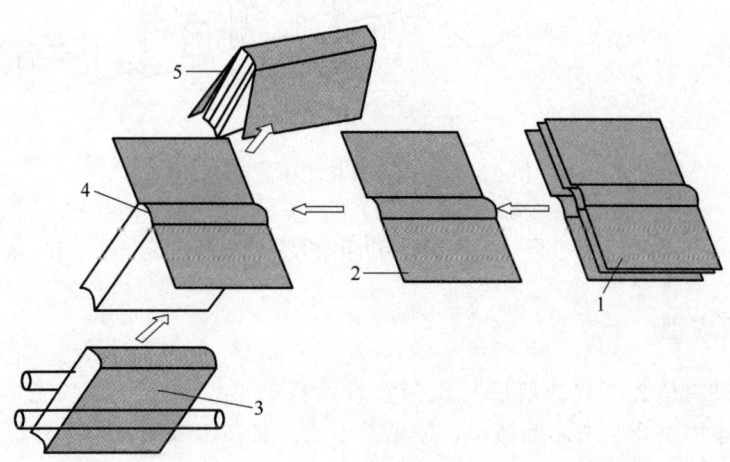

图 2-2-19 书芯与书壳套合流程
1—书壳 2—送书壳 3—扫衬 4—套合 5—套合成册

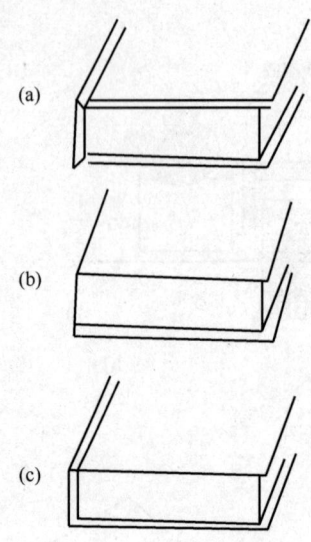

图 2-2-20　方背套合形式图

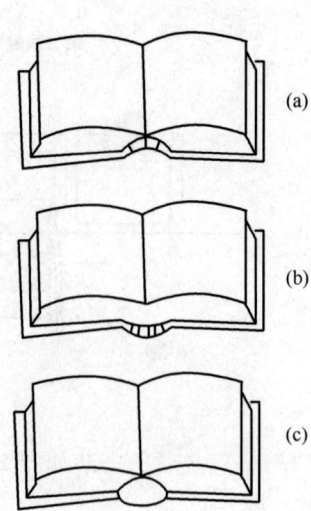

图 2-2-21　圆背套合形式图

3. 上书壳机加工流程

加工好的书芯需要与书壳套合,这一加工过程利用的设备就是上书壳机。上书壳机是给"三粘"后的书芯包粘硬壳书皮的多工位自动机,具体流程如图 2-2-22 所示。依次为:进本(Ⅰ)→上侧胶(Ⅱ)→分书(Ⅲ)→上衬页胶(Ⅳ)→送书壳(Ⅴ)→烙圆(Ⅵ)→上书壳(Ⅶ)→滚压(Ⅷ)→出书(Ⅸ)。

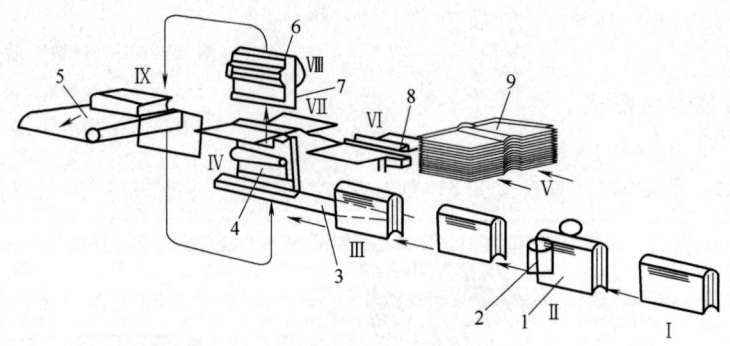

图 2-2-22　上书壳机工作流程图

1—书芯　2—上侧胶装置　3—分书刀　4—上胶辊　5—出书传送带
6—压辊　7—挑书板　8—书壳烙圆装置　9—书壳

六、压槽成型

压槽是在硬封精装书刊的前后封皮与背脊连接的部位压出一条约宽 3mm 的沟槽工艺。压槽能够牢固书壳与书芯的链接,使书芯不变形且便于翻阅及书本外形更加美观。如图 2-2-23 为压槽后的书本示意图。

成型是指向书本两侧加压的方法。成型能够把上壳后衬页与书壳之间残留的空气排除

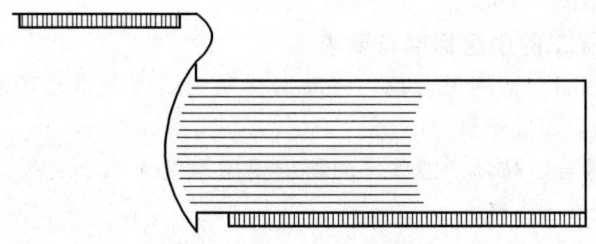

图 2-2-23 压槽后书本示意图

掉,使书壳与书芯粘接得更牢固和平整。

七、精装书加工的质量标准与要求

1. 书芯加工的质量标准与要求

(1) 书芯压平质量标准与要求

① 根据书芯的实际厚度调节好压力的大小,试压无误后再进行压平。

② 压平前,必须确认书芯已撞齐并平整摆放,无缩帖不齐和歪斜倾倒。

③ 压平后的书芯堆放整齐,不变形,四边不溢出,裁切后书的四角基本呈 90°,并保持书芯的厚度一致。

(2) 涂书背胶质量标准与要求

① 书背胶种类选择正确。

② 涂抹时胶层涂抹均匀,厚薄适宜,不花不溢。

(3) 书芯扒圆质量标准与要求

① 手工扒圆入手正确,用力恰当,机器扒圆调整得当。

② 扒圆的圆势以书芯厚度计算,圆势按规定始终一致,圆弧所对的圆心角为 90°~120°。

③ 书芯扒圆后无撕裂、皱折,牢固平整不回圆。

(4) 书芯起脊质量标准与要求

① 起脊时,书芯夹紧并定位正确,保证四边平整不歪斜,书芯脊部露出部分上下平行一致。

② 若采用手工起脊,力度得当,无砸裂、砸皱等现象,起脊后的书背牢固不变形,并保持正确的圆势。

③ 起脊高度一致,在 3~4mm,书脊的凸出面与书面之间的夹角为 120°±10°。

(5) 粘书签带和堵头布的质量标准与要求

① 选择合适的黏合剂种类,胶层厚度适中,涂抹均匀,不溢出切口。

② 书签带的长度应比书芯对角线长 20mm±3mm。书签带宽度在 3mm~7mm。

③ 书签带应粘在位于书芯中间距书背顶端 10mm 处,粘正、粘牢。

④ 堵头布长为书背宽(方背)±1mm 或书背弧长(圆背)±1mm。

⑤ 粘后的堵头布线棱平整外露,堵头布粘贴牢固、不脱落、不歪斜,无褶皱。

(6) 粘书背纸的质量标准与要求

① 选择合适的黏合剂种类,胶层厚度适中,涂抹均匀。

② 书背纸的长比书芯的长短 4mm,宽与书背宽(方背)或书背弧长(圆背)相同。

③ 书背纸粘贴牢固、不脱落、不歪斜，无褶皱。

2. 书壳制作与加工的质量标准与要求

① 制作书壳时选用合适的黏合剂，一般选择动物胶或者聚乙烯醇（PVA）水性胶，涂抹均匀，厚度适中，不花不溢。

② 制作书壳选择合适黏合剂温度，动物胶使用温度为 65～85℃，聚乙烯醇（PVA）水性胶使用温度为 45℃±10℃。

③ 组壳正确、尺寸准确，上下平行一致，允许误差±1.5mm，左右允许误差±2mm，中径尺寸允许误差±1mm。

④ 包边顺序正确，先天地、后两边，包边紧实平整，无褶皱、气泡。

⑤ 制壳后书壳面对面堆积，压平后立放，自然干燥。

3. 套合加工的质量标准与要求

① 套合加工过程选择合适的黏合剂，涂抹均匀，厚度适中，不花不溢。

② 书壳与书芯套合时位置准确，套合后不歪斜、三边飘口一致，允许误差±1mm。

③ 压槽位置准确，压出书槽平整牢固，无断裂与褶皱。

④ 扫衬加工不吐衬，压平后表面平整，无褶皱和气泡。

⑤ 精装书加工完毕后，整齐错口堆放，自然干燥定型。

项目三　盒型产品的制作

项目描述

先有一盒型产品,产品的标识需要进行上光整饰,已完成了印刷工艺得到盒型产品的印张,需对印张进行上光效果整饰之后,并进行模切压痕工艺,形成最终的产品。

项目分析

根据产品上光要求,选择合适的上光材料以及上光工艺设备,对印张进行上光;根据产品制作合适的模切版,然后利用制作好的模切版对印刷产品进行模切,形成最后的产品。

知识目标

掌握上光的材料以及工艺过程。

掌握上光过程以及影响上光过程的因素。

掌握模切版制作过程。

掌握模切压痕的原理以及工艺过程。

能力目标

能够选择合适的上光工艺设备以及上光材料。

能够对产品进行上光操作,并完成质量检测。

能够制作正确的模切压痕版。

能够全自动模切压痕设备对产品进行模切压痕工艺。

能够判断模切压痕过程的故障并进行正确的排除。

任务一　产品上光

一、上光基础知识介绍

1. 上光的概念

上光是指在印刷品表面涂(或喷、印)上一层无色透明的涂料,经流平、干燥、压光、固化后在印刷品表面形成一种薄而匀的透明光亮层,起到增强载体表面平滑度、保护印刷图文的精饰加工功能的工艺,被称为上光工艺。

2. 上光的作用

上光能够美化印刷品、保护印刷品、加强印刷品的宣传效果和提高印刷品的实用价值。上光后的印刷品表面显得更加光滑,使入射光产生均匀反射,油墨层更加光亮。上光是采用上光油对印刷品进行表面涂布加工。在印刷以后对印件进行最后加工之前,采取适当的措施对纸张或纸板印件的表面进行保护性处理。印刷品经过上光后在表面罩上一层亮膜。其应用范围有:

① 书籍装帧,如护封、封面、插页以及年历、月历、广告、宣传样本等,经过上光能够使印刷品增加光泽、色彩鲜艳。

② 包装装潢纸品,如纸袋、封套、商标等,上光后起到美化和保护商品的作用。

③ 文化用品,如扑克牌、明信片及印金图案上光后能起到抗机械摩擦和防化学腐蚀的作用。

④ 日用品、食品等,如卷烟、食品、洗涤剂等商标上光后可以起到防潮、防霉的作用。

⑤ 硬封面上压铜箔,可使外观美观,它的亮度很高,很像金色。如果铜少和基料结合得不牢,经过上光后可以获得良好的附着性能。

3. 上光的原理

上光的原理是利用上光涂料在印刷品表面的流平特性,改变纸张表面呈现光泽的特性。流平是指涂料首先在印品表面形成许多条痕(沟痕、条纹、凹陷),但很短暂,湿涂层的流平性使条痕很快就消失,如图 3-1-1 所示。

图 3-1-1　上光原理图

4. 上光的种类

(1) 按实际生产分类　按上光机与印刷机的关系,上光可分为脱机上光和联机上光。

脱机上光采用专用的上光机对印刷品进行上光,即印刷、上光分别在各自的专用设备上进行,这种上光方式比较灵活方便,设备投资小,较适合专业印后加工生产厂家使用,但这种上光方式增加了印刷与上光工序之间的运输转移工作,生产效率低。

联机上光则直接将上光机组连接于印刷机之后,即印刷、上光在同一机器上进行,具有速度快,生产效率高,加工成本低,减少了印品的搬运,克服了由喷粉所引起的各类质量故障,但联机上光对上光技术、上光油、干燥装置以及上光设备的要求很高。

(2) 按工艺分类　按上光方法,上光可分为辊涂上光和印刷上光。辊涂上光是最普通的上光方式,由涂布辊将上光油在印品表面进行全幅面均匀涂布。

印刷上光通过上光版将上光油涂布在印品上,因此可进行局部上光,目前常采用的有凹版上光、柔性版上光、胶印上光及丝网上光。

(3) 按成品分类　按上光产品类型分,上光可分为全幅面上光、局部上光、亚光(消光）上光及艺术上光等。

全幅面上光的主要作用是对印刷品进行保护，并提高印刷品的表面光泽，全幅面上光一般采用辊涂上光方法。

局部上光一般是在印刷品上对需强调的图文部分进行上光，利用上光部分的高光泽画面与没有上光部分的低光泽画面相对比，产生奇妙的艺术效果，局部上光采用印刷上光的方法进行。

亚光（消光）上光采用的是 UV 亚光油，与普通上光的效果正相反，它是降低印刷品表面的光泽度，从而产生一种特殊效果，由于光泽度过高对人眼有一定程度的刺激，因此消光上光是目前较流行的一种上光方式。

艺术上光的作用是使上光产品表面获得特殊的艺术效果，如使用 UV 珠光上光油在印品表面进行上光，会使印品表面产生珠光效果，使印品显得高贵典雅。

5. 上光涂料的组成与种类

上光涂料的基本组成大体相同，即都由主剂（成膜树脂）、助剂和溶剂三部分组成。主剂是上光涂料的成膜物质。印刷品上光后，膜层的品质及理化性能，如光泽度、耐折性、后加工适性等均与选择的主剂有关。主剂为天然树脂的上光涂料，成膜的透明度差，易泛黄，还易发生回粘现象；以合成树脂作主剂的上光涂料，成膜性好，光泽度和透明度高、耐磨、耐水、耐老化，而且适用性强。

助剂是为改善上光涂料的理化性能和工艺特性而需加入的一些辅助物质。如为改善主剂树脂的成膜性、增加膜层内聚强度而加入的固化剂；为提高上光涂料的流平性、降低其表面张力而加入的表面活化剂；为便于上光涂料的合成和涂布操作而加入的消泡剂；为提高膜层弹性，增强耐水、耐折性能而加入的增塑剂等。

溶剂的作用是分散、溶解、稀释主剂和助剂。常用的溶剂有芳香类、酯类、醇类等。而上光涂料的毒性、气味、干燥、流平性等理化性能同溶剂的选用直接有关。芳香类溶剂蒸发热量比较低、挥发速度快、溶解性能高，但该类溶剂毒性较大；酯类溶剂溶解性能好、挥发速度快、成本低，但气味比较大；醇类溶剂在溶解性能、挥发速度上都不及以上两类，但是无毒、无味、没有污染。如能用水作为上光涂料的溶剂，则成本最低，来源最广，对人体无危害，且不污染环境。故近年来开发水性上光涂料正在引起国内外的高度重视。

理想的上光油除具备无色、无味、光泽感强、干燥迅速、耐化学药品等特性外，还必须具备以下性能。

（1）膜层透明度高、不变色　装潢印刷品要获得优良的上光效果，取决于印张表面形成一层无色透明的膜，并且经干燥后图文不变色。而且不能因日晒或使用时间长而变色、泛黄。

（2）膜层具有一定的耐磨性　有些上光的印刷品要求上光后具有一定的耐磨性及耐刮性。因为采用高速制盒机、纸板盒包装机装置、书籍上护封等流水线生产工艺，印刷品表面受到摩擦，因此必须具有耐磨性。

（3）具有一定的柔弹性　任何一种上光油在印刷品表面形成的亮膜都必须保持较好的弹性，才能与纸张或纸板的柔韧性相适应，不致发生破损或干裂、脱落。

（4）膜层耐环境性能要好　上光后的印刷品有些用于制作各类包装纸盒，为能够对被包装产品起到好的保护作用，要求上光膜层耐环境性一定要好。例如：食品、卷烟、化妆品、服装等商品的包装必须具备防潮、防霉的性能。另外，干燥后的膜层化学性能要稳定。不能因同环境中的弱酸或弱碱等化学物质接触而改变性能。

（5）对印刷品表面具有一定粘合力　印刷品由于受表面图文墨层积分密度值影响，表面粘合适性大大降低，为防止干燥后膜层在使用中干裂、脱膜，要求膜层粘着力强，并且对油墨及调墨用各类辅料均有一定的黏合力。

（6）流平性好、膜面平滑　印刷品承印材料种类繁多，加之印刷图文的影响，表面吸收性、平滑度、润湿性等差别很大，为使上光涂料在不同的产品表面都能够形成平滑的膜层，要求上光油流平性好，成膜后膜面平滑。

（7）印后加工适性宽　印刷品上光后，一般还需经过后工序加工处理，例如：模压加工、烫印电化铝加工等。因此，要求上光膜层印后加工适性要宽。例如：耐热性要好，烫印电化铝后，不会产生粘搭现象；耐溶剂性高，干燥后的膜层，不会因受后加工中黏合剂的影响而出现起泡、起皱和发黏现象。

目前国内上光油现在有大量的产品，各种上光油的成分及由此导出的它们的物理的（干燥）/化学的（固化、聚合）固化原理都有所不同。在众多上光油中，水性上光油和UV固化的上光油是最常用的，而溶剂型上光油只用于柔性版和凹版印刷生产中，水性上光油则有最为广泛的应用范围，而对传统的高光泽整饰来说，UV上光油则是大家首选的上光油品种。

（1）溶剂型上光油　采用溶剂上光的产品，其表面光泽度和耐磨性等都比较高，但由于其稀释剂是有机溶剂，如甲苯等，随着溶剂的挥发，上光涂料的耗费也大。溶剂上光涂料耐理化性差，涂层容易泛黄，并且气味浓厚的溶剂不仅容易污染环境，而且对生产安全也会产生一定的影响，所以，生产作业现场必须注意废气的排放，机器采用电热管烘干的，要注意保持纸板的顺畅输送，防止纸板输送歪斜而堵塞烘道以致触及电热管，引起火灾安全事故的发生。

（2）水性上光油　水性上光涂料具有无色、无味、无毒、无刺激、涂层干燥速度快、耐磨、耐高温、不泛黄、不变色，并且具有透明度和光泽度、性能稳定、设备适应性广、上光表面耐磨性及平整度好、印后加工适性宽、热封性能好、使用安全可靠、储运方便等等优点，故该工艺较适合于食品包装的表面整饰加工。但是，水性上光油的溶剂是水，印品上光后容易产生变形现象。其耐磨性仅次于溶剂上光涂料，如果纸板外层有采用PVC塑料薄膜包装的，容易因PVC塑料薄膜表面发粘而粘坏印品上光膜层和图文墨色。所以，外包装材料是PVC塑料薄膜的，纸板上光不宜采用水性涂料，而应该采用溶剂型耐磨的上光涂料。

（3）UV上光油　上光膜层经过紫外光照射之后，涂层内部发生光聚合反应、光交联反应，进而迅速固化干燥，因而不会产生粘连质量故障，有利于保证后道工序的快速作业。UV上光的涂层具有耐磨、耐药品性和耐化学性，稳定性好等优点。由于UV上光油不存在溶剂挥发问题，所以不像溶剂型上光工艺对环境所产生的污染问题，并且其用量相对较小，其生产成本远远低于覆膜工艺，所以是替代塑料覆膜以及溶剂型上光的理想工艺。但是，在生产中应注意的问题是，UV涂料对人体皮肤会有一定的刺激作用，UV光直射人体也会产生一定的伤害，涂层经过UV照射干燥会产生臭氧，生产现场应该要有良好的通风排气。UV 上光油几乎不含溶剂，有机挥发物排放量极少，因此减少了空气污染；UV 上光油不含溶剂，固化时不需要热能，其固化所需的能耗相对较小。另外，UV 上光油对油墨亲和力强，附着牢固；UV 上光油有效成分高，挥发少，用量相对节省；UV 上光固化后的印品表面更具耐磨性、耐药品性和耐化学性，稳定性好，能够用水和乙醇擦洗；UV 上光产品不易粘连，固化后即可叠起堆放，有利于后工序加工作业。UV 上光油在使用时应注意以下典型问题：UV 上光油不适合在渗透性纸张上进行操作。因为 UV 涂料中的低分子材料容易渗透到纸张中，引起纸张的变暗甚至浸透。目前，多数 UV 上光油应用在有镀铝膜的印品纸张上。

二、上光工艺设备

上光工艺可以通过多种上光设备来实现，主要的上光设备有三大类：一类是脱机上光设备，即印刷和上光分别在不同的专用设备进行；第二类是利用印刷机组上光，例如利用单张纸胶印机或者是丝网印刷机进行上光；第三类是联机上光，将上光机组连接于印刷机组后面，当纸张印刷完成后立即进入上光机组上光，其速度快、效率高、成本低，减少了搬运时间，克服喷粉引起的各种问题。

1. 脱机上光工艺设备

脱机上光设备只能完成上光以及压光工作，根据设备的组合情况，脱机上光设备可分为普通脱机上光设备以及组合式脱机上光设备。普通脱机上光设备指的是上光涂布机和压光机两种单机，加工时先在涂布机上涂布上光油，干燥后再在压光机上压光。组合式脱机上光设备是由上光机、压光机等组成的上光机组。普通脱机上光机组生产组织结构简单，设备投资少，使用灵活，但生产效率较低；组合式脱机上光设备可以根据印刷品工艺性质的需要，形成不同的组合形式，能连成整体工作，也能分别独立工作，使用灵活，操作方便，是理想的上光设备。

（1）上光机上光　脱机上光设备的主要结构包括输纸机构、传送结构、涂布机构、干燥机构以及收纸机构等，其基本结构图如图 3-1-2 所示：

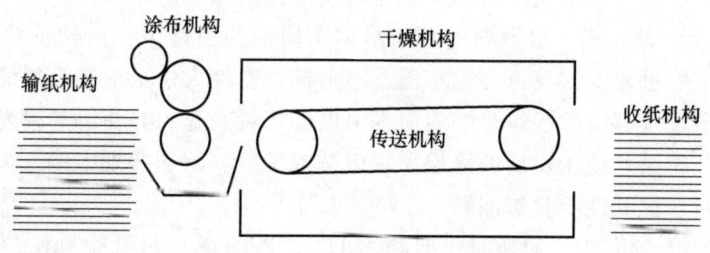

图 3-1-2　上光涂布机结构图

① 涂布机构。上光涂布机构主要将印刷品表面均匀地涂上一层上光涂料，它由上光涂布系统以及涂料输送系统构成，常见的涂布机构有两种：三辊直接涂布式，浸入逆转式涂布。

a. 三辊直接涂布式机构由计量辊、施涂辊以及衬辊组成，其结构如图，上光涂料由出料孔均匀地喷洒在计量辊与施涂辊之间，两个辊反向转动，计量辊控制施涂辊表面上光涂料的厚度，施涂辊再将上光涂料转移到印刷品的表面。

该上光涂布机构上光涂布量的调节主要受施涂辊与计量辊之间间隙控制，间隙越小，涂层越薄；同时还受施涂辊与衬辊两者之间的速比控制，比值越大，涂布的量越大；另外，涂层的厚度与涂料黏度成正比关系。

涂布辊组装有的压力调整机构以适应不同重量印品的涂布加工。

b. 浸入逆转式涂布式上光涂布中最常见的也是最为精确的涂布方法。涂料由自动输液泵送至贮料槽，上料辊浸入贮料槽中一定深度，辊表面将涂料带起并经匀料辊，匀料辊均匀地将上光涂料传给施涂辊并控制涂层的厚度，而后施涂辊将涂料涂敷转移到印刷品的被涂表面上。

在涂布过程中，涂布辊与印刷品相对运动，上光涂料转移到印刷品上，运动错位中涂布辊表面上光涂料被转移。如图3-1-3所示。

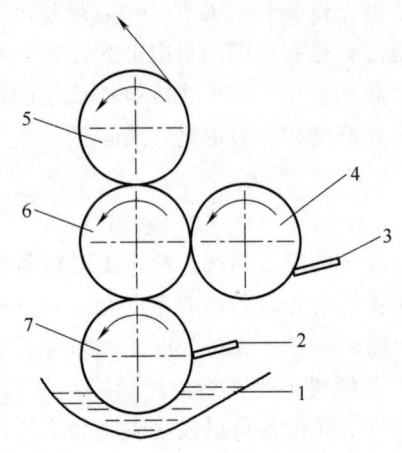

图 3-1-3 底部供料逆向辊涂布
1—料槽 2—刮边器 3—刮刀 4—计量辊
5—衬辊 6—涂布辊 7—上料辊

涂布量的大小是由计量辊与施涂辊之间的间隙控制，一旦确定，施涂厚度就是常值，与印刷品制作厚度的变化无关。此外改变施涂辊与印刷品运行速度比，改变涂布机速以及涂料的流变特性都能改变涂布量。

② 上光干燥。作为上光工艺重要的干燥技术也不断改进、发展。上光涂料成膜的干燥处理从氧化聚合、溶剂挥发的热风干燥式，发展到电热、紫外光干燥处理式。随着高新科技的发展和对清洁能源的运用及追求清洁能源的最大利用，综合各种先进科技手段汇聚开发研制的电子束干燥方式已在欧美发达国家开始运用。迅速发展到紫外光/电子束与热/电子束混合式最新干燥处理系统，为印刷、包装行业提供最新高能固化基本原理和技术。不断运用技术的创新将使上光干燥处理方式更科学，进一步推动印刷、包装业的质量提高和经济发展。

a. 溶剂挥发干燥方式。溶剂型上光涂料因不同的涂料配方，所用的溶剂种类及比例不同，涂布、干燥过程中挥发速度也不同。溶剂挥发速度太快，上光涂料流平性不好，干燥成膜后表面出现条痕、砂眼等影响表面平滑度的质量问题。并在溶剂挥发过程因吸收外界热量诱发潮气凝结，使干燥后的涂层出现龟裂或发白。溶剂挥发太慢，又会引起干燥不足结膜固化不好，抗黏性不良等问题。

b. 紫外固化干燥方式。紫外固化即利用UV（紫外线）照射能量使游离基聚合型丙烯酸酯类涂料固化成膜的上光工艺。这类涂料其组分中的光引发剂吸收紫外线的光能量，经过激发状态产生游离基，引发导致聚合反应。

紫外线固化具有快速固化和低温固化的特点，有助于提高产品质量，保持颜色一致，缩短印刷时间，防止大气污染，减少火灾危险和改善作业环境。解决了溶剂型上光涂料因温度、湿度变化造成的粘连。

对紫外固化技术的运用在我国印刷、包装业发展很快，多用在印刷和印后精加工。1994年纸加工用紫外线固化涂料比1993年增加100%，年消耗量已达50t。以后逐年增加。除北京大学开发的紫外线激发荧光粉作为主要原料大陆自行生产外,每年还需自中国香港及台湾地区、日本等地购进才能满足需求。

紫外固化的照射光源一般采用高压水银灯或金属卤化物灯。输出功率须控制在80～120W,才能保证UV涂料的固化速度<0.5s。同时还存在固化的深度、程度、后固化的迟滞时间问题。

c. 电子束（EB）加热干燥方式。电子束干燥处理方式是近年国外发达国家将原应用的穿孔、刻槽、切割等机械加工方面的电子束加工工艺,运用到多色高效印刷工艺生产中的一种新型能源转换加工手段。电子束（EB）即通过电真空器件产生聚合、密集的、具有一定方向的电子流。利用高功率密度的电子束加工方法,使从热阴极发射的电子受控制电极及加速阳极的静电场控制被聚成向同一方向运动的、密集的、载面很小的电子束。当电子束冲击到工件时,动能变为热能,产生极高的温度,可使任何材料瞬时熔化或气化。被科学界认为是近期具有最佳处理一致性的干燥技术。可使油墨、上光涂料最大程度地交联和聚合,而无后固化和溶剂残留,同时热能的使用率最高。

大多数高速生产流水线印刷作业要求油墨、黏合剂和上光涂料在机组达到干燥。单独运用电子束（EB）做为干燥处理手段,在价格和空间利用上不经济。

d. 电子束混合式干燥处理。将紫外光固化或加热干燥处理的任何一种与电子束处理相结合,无论涂层多厚,混合处理均能使之完全固化。生产速度提高,对载体基材无热损伤变形,能提高上光涂料的应用性能,增强粘附力,提高印后精饰加工效果。

在紫外光/电子束混合处理过程中,低能、低热的紫外光可以固化涂层的表面。涂层的深处同时被电子束干燥。照射光源的功率只需2～40W/cm,比普通的紫外光系统节能60%,产生热量低,避免了基材的收缩变形。

在热干燥/电子束混合处理过程中,耗能和产生的热均减少约40%,可使水基上光涂料得到充分的固化,抗划伤性好,生产出最少或没有化学物质转移的软包装材料、半硬包装材料和无需后固化的快速固化层合处理。

为保证固化充分,电子束处理过程中通常需要用氮气除去被处理材料的氧。在混合式处理中,可以省去氮气,降低了生产成本。

混合式处理运用在印刷和印后精加工方面,可在一个通道内进行多种涂布,在一个机器上可完成多色印刷和上光的最佳固化,生产出高光泽,抗划伤的最佳加工产品。安全操作性类似微波。可以提高产品质量,节约资源,具备很多增值的优点。是印后精加工——上光的改进方向,会给行业一种新的发展机会。

（2）压光机压光工艺 压光又称为磨光,印刷品经讨上光涂料的涂布以后,仅仅依靠涂料的自然流平性干燥后不能达到的理想光泽,因此对于一些光泽度要求较高的印刷品在上光涂布以后,采用压光机压光使得表面形成理想的镜面,提高上光涂层的平滑度和光泽度。压光机的基本机构如图3-1-4所示：

压光机压光过程即印刷品经过涂布以后,印刷品经过输纸台经过热压辊以及加压辊进入压光带,即一条经过特殊处理的不锈钢环钢带,经过热量以及压力的作用,上光涂料层被压光带压光,在经过冷却、剥离,使得印刷品表明形成镜面的高光泽效果。影响压光质量的因素如下：.

① 压光温度。适当的温度可以使涂料膜层分子热运动能力增加,使扩散速度加快,

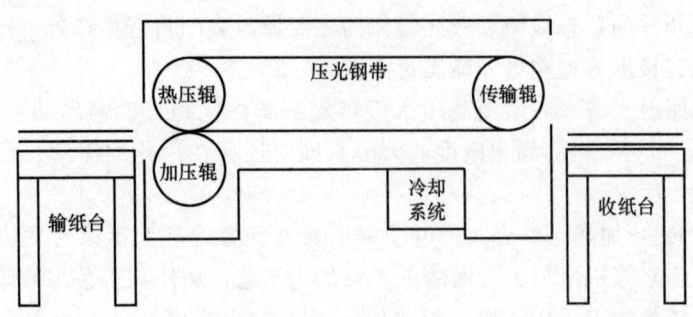

图 3-1-4　压光机结构图

有利于涂料中主剂分子对印刷品表面的二次润湿、附着和渗透，从而使得印刷品与上光带间形成良好的粘附作用。另外，适当的温度会使涂料膜层塑性提高，在压力的作用下，使其表面平滑度大大提高，适当的压光温度有利于提高压光膜层质量。压光温度过高及纸张湿度过大，涂料层粘附强度下降，并且纸张含水量急骤降低，不利于上光和剥离，甚至会出现起泡及纸张分层；温度太低，涂料层不能完全塑化，涂料层不能很好地粘附于压光板和印刷品表面，压光效果差，压光后不易形成高平滑度的膜层。因此压光温度选择的原则是在印刷品能达到工艺质量要求的情况下，温度适当调高。热压温度一般控制在80℃～100℃。

② 压光压力。在一定的温度和压力作用下，能使印刷品压光表面的平滑度大大提高。但压力过大不匀及纸张湿度过低、湿度不匀时，会出现印刷品折皱现象。同时过大压力，也易使印刷品因延伸性和可塑性降低而导致表面的断裂。压光压力调整的原则是在能达到压光效果的情况下，尽量使用小的压力。压力一般为80～100kN/m左右。

③ 压光速度。它是指上光涂料在压光中的固化时间。固化时间短，上光油分子同印刷品表面墨层不能充分作用，干燥、冷却后膜层表面平滑度差，涂料层对纸张表面的粘附力差。压光速度的确定应考虑上光涂料的组成、印刷品的特性、压光机的性能及压力、温度等因素。一般机速要控制在6～10m/min为宜。

④ 压光钢带的粗糙度。粗糙度过大，则印刷品表面的平滑度和光泽度均难达到要求，并使印品与钢带粘附困难。压光钢带所用的不锈钢带经过镜面研磨加工，表面不应有划痕、缺陷、皱纹、不平整等弊病。

(3) 胶印机上光　利用单张纸胶印机进行上光涂布，印刷机占地面积小，也可节约额外的设备投资，适用于简单的、要求不高的产品，一般来说，胶印机上光可以利用润湿装置上光，也可以利用输墨装置上光。

以润湿装置上光为例，如图3-1-5所示，将润湿液变为上光涂料，上光油置于水槽内，通过水辊涂布，将水辊的水绒套取下，用胶辊传递上光油，可以减少传油量，水斗辊将上光涂料传递给

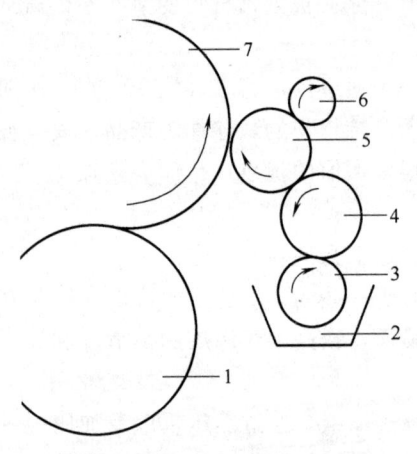

图 3-1-5　利用润湿装置上光
1—橡皮布滚筒　2—水斗　3—水斗辊
4—传水辊　5—着水辊　6—计量辊
7—印版滚筒

传水辊，继而传递给着水辊，到达印版滚筒，然后传递给橡皮布滚筒，最后到达印刷品表面。注意在上光过程中，橡皮布需要裁切成与印品宽度一样或略小于印品宽度，并且通过切割橡皮布的方法可进行简单的局部上光。胶印机上光可使用 UV 光油、水性光油，但不能涂布溶剂型热干燥光油，否则将粘滚筒。上光量的控制主要通过水斗辊的转速以及计量辊控制。

（4）丝网印刷上光　丝网印刷又称为孔板印刷，丝网印刷上光与丝网印刷一样，只需要将丝网印刷油墨换成上光光油就可。由于丝网印刷上光工艺简单，操作容易，投资设备少，而且丝网上光图层厚，能够产生浮雕效果，因此在对于一些上光要求不是非常高的产品非常适合，目前得到广大印刷企业的广泛运用。

首先制作丝网印刷上光印版，对于全幅上光来说，丝网制版绷网后的印版就可以用于全幅上光，如果是局部上光，丝网制版时只有图案，没有网点层次，没有色彩要求，绷网结束以后利用菲林或是硫酸纸进行阳图型晒版就可。

丝网上光有平压平上光，平压圆上光以及圆压圆上光形式，如图 3-1-6 所示。上光时将上光涂料涂刷在印版上，印刷品放在丝网印版下，通过刮刀在丝网版面上刮上光涂料，使得上光涂料透过孔洞，转移到印刷品表面完成上光过程。

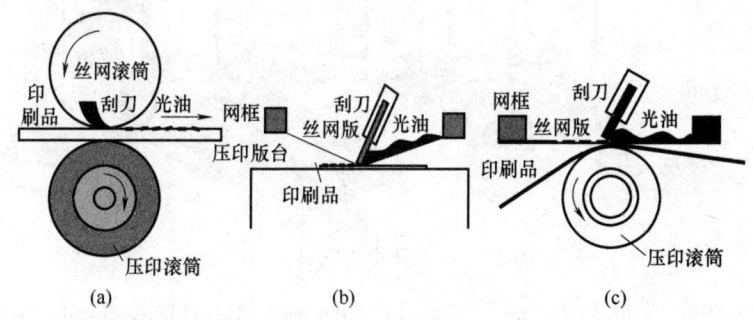

图 3-1-6　丝印上光方式
(a) 圆压圆上光方式　(b) 平压圆上光方式　(c) 平压平上光方式

2. 联机上光工艺设备

联机上光是指将纸张印刷完成后立即进入上光机组上光，上光工艺与印刷工艺一次完成。在印刷设备中装备了上光机组以及在收纸装置中装备了干燥装置的印刷机。印刷机可以在速度不受影响的情况下，印刷与上光工艺同时进行，而且还可以保证上光的套准精度。目前在胶印机、柔印机、凹印机以及一些丝网印刷机都可以完成这个过程。

（1）胶印联机上光设备　胶印作为运用最为广泛的印刷方式，将胶印工艺与上光工艺联机已被大多数企业普遍采用，上光工艺也从过去的满版上光发展到今天的形式多样的局部上光，成为提升印刷品档次的一种重要手段。

在胶印上光技术中，上光印版通常分三种：PS 版、胶印专用橡皮布印版、柔性上光。使用 PS 版既可以进行全幅上光，也可以进行局部上光，既可以使用油性上光油，水性上光油，还可以使用 UV 上光油；采用橡皮布印版上光如进行局部上光，需对橡皮布进行切割；柔性上光中 Flexokit 柔印套件，以传统的刮刀式上光装置为基础进行了改善，将其网纹辊改由经三重螺旋雕刻的金属辊制成，其表面排列螺旋形的纹路，能够确保最佳的上光油传递。该系统特别适合使用易起泡的上光油以及金色、银色、珍珠色、不透明的白以及紫色上光油。

胶印联机上光设备中，上光机组根据实际生产情况，可以将上光单元放置于印刷单元的前面，即先上光然后印刷。也可以将上光单元放置于印刷单元的后面，即先印刷后上光；设备中的干燥装置可以在印刷机组之间（UV 印刷），也可以在非印刷机组之间（在印刷机组与机组之间或两个上光机组之间），或者设置加长的干燥装置，或者是由红外灯构成的曲行干燥装置。如图 3-1-7、图 3-1-8 所示。

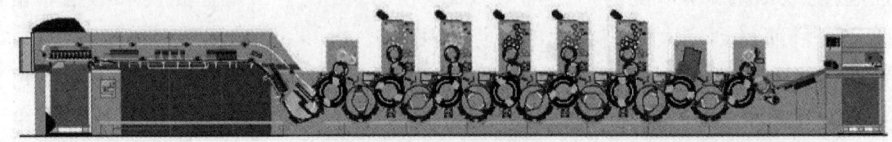

图 3-1-7　前后加上光装置的胶印机结构图

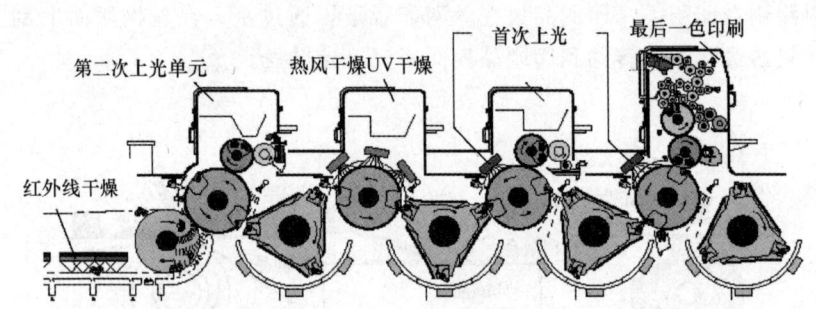

图 3-1-8　胶印上光联机结构图

在现代胶印中，联机上光是高效加工常用的一种手段，目前经常使用的上光方式有两种，如罗兰 ROLAND700，高宝 KBA RAOIDA105 中使用的辊式上光，还有海德堡 Speedmaster CD102 中使用的刮刀式上光。

辊式上光采用辊式涂布装置将光油转移到纸盒表面。其上光单元的上光量、压力等均由印刷机控制中心进行控制。高宝利必达 105 胶印机的辊式上光装置，有作为顺时针运转的两辊式系统，也有可作为逆向运转的三辊式系统。如图 3-1-9 所示。

以两辊式顺时运转式工作时，计量辊被脱开，通过上光液斗辊和着液辊之间的压力来调节上光涂布量，结构简单。以三辊式逆向运转形式工作时，上光滚筒和液斗辊逆向运转，可得到很好光亮度的上光膜层；同时在使用高黏度上光油时，不必靠过于提高辊子间的压力来达到薄而匀的涂布目的。

这种辊式上光装置传递路线短，因此接触点

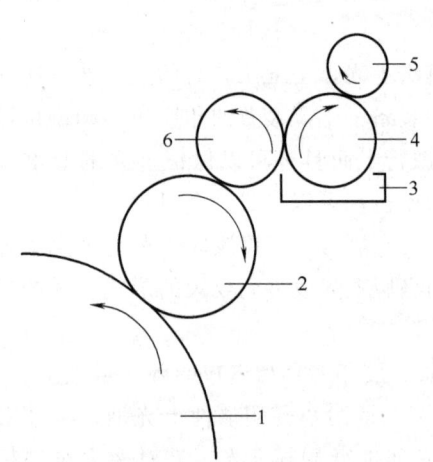

图 3-1-9　辊式上光结构图
1—压印滚筒　2—上光涂布滚筒
3—液斗盘　4—液斗辊　5—计量辊
6—着液辊

少，上光油不易干结，可以使用快干的上光油。该装置上光液传递均匀，上光油的厚度可达到 $8g/m^2$，更换作业或是上光油操作简单方便，运用的领域很宽，适合大面积的上光，但是不适合金属色上光。

刮刀式上光采用封闭式刮墨刀上光系统，由陶瓷网纹辊和封闭式刮墨刀以及柔性树脂涂布版辊组成。其结构如图 3-1-10 所示。

其主要优点是通过选择不同的陶瓷网纹辊，精确地按需要的涂布量完成涂布，节省上光油；具有快速更换网纹辊、上光涂布版装置和整面涂布、局部上光功能。通常由两个刮刀和起计量作用的陶瓷网纹辊组成，上下刮刀与网纹辊组成封闭的箱式结构，上光油经管线泵入。刮刀式上光装置具有上光均匀、质量高、效果好、环保性好、经济、易实现高速上光等特点。并能适应纸盒表面的金、银色上光，上光涂层可达到相当高的耐磨性。

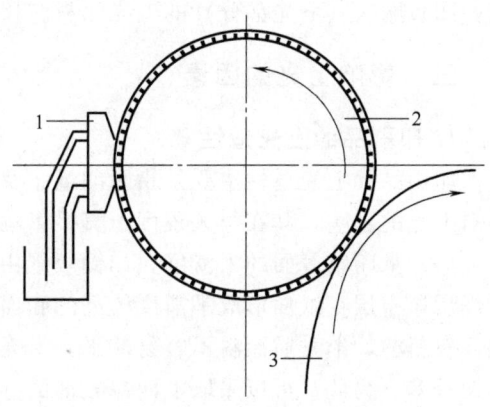

图 3-1-10　刮刀式上光装置
1—上光涂布滚筒　2—网纹辊　3—刮刀

(2) 柔印联机上光　20 世纪 90 年代组合式柔印机进入国内，组合式柔印机可以集印刷、上光、覆膜、模切压痕等功能于一体。

柔印版印刷上光由于采用网纹辊、刮刀组成的短墨路，印版具有良好的传墨性，上光涂层后，可以有效控制上光涂料的厚度，保持均匀。

柔性上光印版主要是感光柔性凸版，柔印上光装置也有辊涂式上光涂布机构以及网纹辊刮刀涂布系统，如上。辊涂式上光涂布机构由光油槽、墨斗辊、着墨辊组、柔性印版（软性材料）、着墨辊（镀铬的金属辊）组成。

(3) 凹印联机上光　凹印主要是用于包装行业，特别是烟包行业，产品对印后上光的质量要求非常高。

凹印上光与凹印印刷一样，都是采用凹版滚筒作为印版，凹版上光依靠将网穴中上光油转移到印刷品表面，如图 3-1-11 所示。网穴容积越大，传递的上光涂料越多，上光涂层越厚；网穴容积越小，传递的上光涂料越少，上光涂层越薄。凹版网穴容积大小与凹版的网线数以及网穴深度有关系。不同的光油，对凹版网线数以及网穴深度的要求也不相同。溶剂型光油挥发性能好，流平性能好，因此凹版的网线可以粗一些，网穴深度也可以大一些；水性光油的干燥速度慢，流平性较差，所有网线要细一些，网穴浅一些，如果是 UV 光油，网穴的深度需要更浅

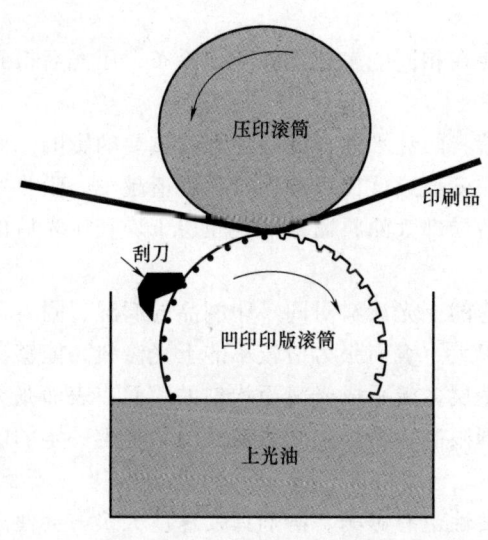

图 3-1-11　凹印上光原理图

一些。

凹印上光采用上光供料装置将上光涂料供到凹版的图文部分和非图文部分。在刮墨刀的作用下，将凹版印版表面（印版的非上光部分）的上光涂料刮除干净。通过压力的作用，凹版网穴（上光部分）的上光涂料转移到承印物上，从而完成一次上光。

三、影响上光的因素

1. 印刷品的上光适性

印刷品的上光适性主要是指承印纸张及印刷油墨对上光涂布的影响。纸张的质量与特性对上光的影响，其在很大程度上直接影响着上光产品的质量。

（1）承印物表面的平滑度 如铜版纸由于其表面光滑，经过上光后，涂料容易流平，干燥后涂布层在纸面形成平滑度较高的膜面，光泽效果就明显提高；而质量不高的纸张其表面较粗糙，上光后涂料不容易流平，上光油几乎全部被粗糙的纸张表面吸收，上光效果就比较差。为此，可以采取上两遍光油的办法，以确保上光质量。

（2）承印物的吸收性 纸张表面的吸收性过强，纸纤维对上光涂料的吸收率高，溶剂渗透快，导致溶剂黏度值变大，影响上光涂料的流平而难以形成光滑的膜层。而相反，吸收性过弱，使得上光涂料在流平中的渗透、凝固以及结膜作用明显降低，同样不能在印刷品表面形成高质量的膜层。

（3）油墨的性能 印刷品表面的油墨对上光有很大的影响。如果油墨的耐热性和耐醇性差，印品图文就会产生变色或起皱皮等质量故障。所以，上光产品应选用耐醇类、酯类溶剂和耐酸碱性好的印刷油墨。此外，还要求油墨能经久不变色且光泽度好，并对纸张有较强的附着性。

（4）印品晶化对上光质量影响 印刷厂印品放置时间过长或因在底色墨中加放过量的燥油，以致墨层在纸张表面形成晶化现象，这样上光时光油附着不上墨层，会出现光油层发花、不均现象。遇到这种情况时，只要在上光油中加上 5% 的乳酸，搅拌均匀后即可进行上光。用这种改性后的上光油涂布到印品上，可使印品表面晶化膜受到破坏，从而达到均匀吸附上光油的作用。

2. 上光涂料对上光质量的影响

上光涂料的种类不同，其性能也不同，即使在相同的工艺条件下，涂布、压光后得到的膜层状况也不相同。

（1）上光涂料的黏度 上光涂料的黏度对涂料的流平性、润湿性有着重要的影响。同一吸收强度的纸张对上光涂料的吸收率与涂料黏度值成反比，即涂料黏度值越小，吸收率越大，会使流平过早结束，引起印刷品表面某些局部大涂料而影响到膜层干燥和压光后的平滑度和光亮度。

（2）上光涂料的表面张力 不同表面张力值的上光涂料对同一印刷品的润湿、附着及浸透作用不同，其涂布和压光后成膜效果差异很大。表面张力值较小的上光涂料，能够润湿、附着、浸透各类印刷品的实地表面和图文墨层，流平成光滑而均匀的膜面；表面张力值大的上光涂料，对印刷品表面墨层的润湿受到限制，甚至上光后的涂层会产生一定的收缩而影响成膜质量。

（3）上光涂料中溶剂的挥发性 溶剂的挥发性也有影响。溶剂挥发速度太快，会使涂料层来不及流平成均匀的膜面;反之又会引起上光涂料干燥不足,硬化结膜受阻,抗粘连性不良。

3. 上光涂布工艺对上光的影响

涂布工艺条件的选定对涂布质量也有很大影响。上光涂布工艺主要包括涂布量、干燥方式、干燥温度、涂布速度等因素。

(1) 涂布量的调节　涂布量太少,涂料不能均匀铺展整个待涂表面,干燥、压光后的平滑度差;涂布量太厚会影响干燥,增加成本。为干燥较厚膜层,要相对提高涂布和压光时的温度,干燥时间要加长,这会导致印刷品含水量减少,纸纤维变脆,印刷品表面易折裂。

(2) 涂布机速度的选择　涂布机速、干燥时间、干燥温度等工艺条件也互相影响。机速快时,涂层流平时间短,涂层就厚,为获得同样的干燥效果,则干燥的时间要长、温度要高;机速慢,涂层流平时间长,涂层就薄,干燥时间可缩短,干燥温度可适当降低。工作中,为获得良好的上光涂布质量,需对这些因素进行综合考虑,以求得各因素之间的适当匹配。通常情况下,印品上光的温度控制在20℃左右可取得比较理想的效果。然而,若逢冬季上光,由于气温低,上光油比较容易凝固,不利于上光油的正常流动,以致产品表面油膜不均匀,这样其亮度必然也差。为了克服环境条件缺陷造成的弊病,上光油应放在相对保温的地方。必要时可酌情加溶剂稀释。

(3) 干燥方式的选择　不同的上光油干燥原理不一样,干燥的方式也不一样,实际生产中需要根据不同的上光油选择不同的干燥方式。比如溶剂型上光油主要依靠溶剂挥发干燥结膜,可以采用固体加热传导加热干燥方式,对于UV光油来说,是通过吸收辐射光能量,涂料分子内部结构发生聚合反应而干燥结膜,因此其干燥方式应该为紫外线干燥。

四、上光故障分析

1. 膜面出现条痕或起皱

主要原因以及解决办法:上光涂料的黏度值高,涂料来不及流平,易出现条痕。可根据印刷品的不同适性,选用流平性、润湿性好的上光涂料;或加入适量稀释剂,降低涂料的黏度值。涂布量过大,可以通过调整使涂布量降低;上光涂料对印刷品表面墨层润湿性不好,影响干燥成膜的平滑性;涂料的流平性差,工艺条件与涂料适性不匹配,可用其他种类的上光涂料或改变工艺条件,使其与涂料性能相匹配。

2. 印刷品互相粘连

主要原因以及解决办法:上光涂料中溶剂的挥发性不好,涂料的干燥性能不良,可改用挥发速率高的溶剂或更换上光涂料种类,涂布膜层太厚,涂层内部的溶剂不能完全挥发,残留量高,可以减薄膜层厚度来改善;上光涂布或压光中工作温度低,干燥时间短而使涂层干燥不良,可提高上光涂布和压光中的工作温度,降低机速,使涂层彻底干燥。

3. 成膜膜层光泽度差

主要原因以及解决办法:涂料的质量问题,则应考虑按工艺及经济要求改用质量较好的上光涂料;涂层太薄,涂布量不足或涂料浓度小,在粗糙度高、吸收性强的印刷品表面不易填平补齐,则应加大涂布量,提高涂料浓度,或在加工前先上一层上光底胶,再进行上光涂布;上光涂布干燥和压光时的温度偏低,压光压力小,则操作中应调整工艺参数,提高温度,加大压力;设备本身原因,如为压光钢带磨损,光泽平滑度下降,这就要修理改善压光钢带表面状况。

4. 压光后印刷品空白部分呈浅色,而浅色部位变色

主要原因以及解决办法:上光涂料溶剂对油墨层有一定溶解作用,应更换涂料种类或改变溶剂成分;油墨干燥不良,墨层耐溶剂性能不好,要改善油墨干燥情况,等油墨干燥后再上光涂布,减少上光涂料中对油墨有溶解作用的溶剂用量;涂料层干燥不彻底,膜层内溶剂残留量高,应提高上光涂布时的干燥温度或降低机速,延长干燥时间,降低涂层内部溶剂残留量。

5. 涂层不均匀、有气泡、麻点等

主要原因以及解决办法:上光涂料表面张力值大,对印刷品表面墨层的润湿作用不好,应降低其表面张力值、改善涂料对油墨层的润湿性能;涂料中的溶剂挥发不良,涂层内溶剂残留量高,可改用挥发速率高的溶剂或使涂层彻底干燥后再压光;上光涂布中机速过快,干燥温度低,使涂层干燥不彻底,溶剂挥发不完全,应调整上光涂布的工艺条件;印刷品表面的油墨层产生晶化现象,应采取有效措施,如除去墨层晶化面的油质或进行打毛处理,改善涂料对墨层的润湿作用,以减弱或消除墨层晶化对上光涂布的不良影响;压光钢带不平整或粘有杂质及涂布工艺条件不合适。

6. 膜面起泡

主要原因以及解决办法:在压光过程中,压力过大,压光钢带的温度过高,使涂料膜层局部软化,需适当降低压光的压力和温度;上光涂料与压光工艺条件不匹配,使印刷品表面的涂料层冷却后,同上光带的剥离力差,需改变工艺条件,使其与上光涂料相匹配,降低压光机速,改善涂料层同上光带之间的剥离力。

7. 压光中,印刷品与上光带之间粘附不良

主要原因以及解决办法:涂层太薄,应增大涂布量;涂料的黏度太低,要提高涂料的黏度值;压光的压力太小,压光温度不足,要提高压光温度,增加压光压力。

8. 印刷品压光后,表面易折裂

主要原因以及解决办法:温度偏高,使印刷品在压光中脱水过多,含水量降低,因而纸质纤维变脆,应降低压光中的工作温度,并采取有效措施,保持印刷品中一定的含水量;压光中压力过大,使印刷品的延伸性和可塑性降低,韧性变差,可减少压光中的压力;上光涂料的后加工适性不良,则应重新选择后加工适性较好的上光涂料;后加工工艺条件选择不合适,可调整后加工工艺条件,使其与印刷品压光后的适性相匹配。

9. 压光后两侧膜面亮度不一致

主要原因以及解决办法:压光中,上光带两侧压力不相等,或上光带两侧磨损不一致,应调整上光带两侧的压力使之相等,调整热压辊与传输辊的平行度,使上光带两侧张力一致,磨损均匀;上光涂料两侧厚薄不均匀,要调整上光涂布机构,检查计量辊与涂布辊之间的平行度和间隙,使两侧涂层厚度尽量一致。

五、上光新技术

1. 逆向上光

随着上光工艺设备的不断进步发展,UV 上光工艺并不局限于某个单一设备或者某种具体的产品，一般都是多种类型的组合，同一产品可能需要同时实现局部上亮光，局部上压光的效果，之前的工艺设备常常需要用到胶印、网印或者柔印等多种方式，生产效率不高，而且套准困难，所以高精度的局部上光，废品率也很高。为此，以达到更高的印刷反差，开发了一种称为"逆向上光工艺"的上光工艺，是一种典型的亮光与亚光效果同时出现在产品中且一次成型的工艺，并且此工艺具有一定防伪功能。一般可以设计一些底纹或者针对图片做逆向上光效果。

逆向上光工艺的工作原理是利用第二次局部上光油与第一次底印光油的互斥原理，一次实现凹凸质感以及不同的光泽效果。

上光前必须先完成常规印刷，且确定油墨已彻底干燥或固化；然后，以连线或离线方式将设计稿上非高亮光部位以胶印方式印上透明的逆向墨；再连线，以满版方式在印刷面涂布 UV 光油并固化。此时，光油与逆向上光墨接触区域产生内聚反应而形成小颗粒状墨膜，逆向上光区域则形成镜面。显然，采用逆向上光工艺，同一印件上将同时存在高亮光与非高亮光效果。而且，因为非高亮光部位是胶印，套印精确，同时也保证了高亮光部分图文的精度。

例如在银卡纸或金卡纸上印刷完白加四色后，使用一色组印刷逆向上光油墨（五色的），再联机过 UV 光油，这样就会出现整体磨砂加局部亮光的效果。

2. UV 共固化工艺

为完善 UV 印刷工艺，德国 UV 系统制造商 Grafix 配合因科视（INX）油墨公司共同开发了 UV 共固化新工艺。该工艺是利用一种油墨新技术，打破传统 UV 油墨和普通油墨无法相容的困难，再配合高功率的紫外固化装置提高了 UV 油墨的固化质量，解决了 UV 印刷中的一些问题，而且降低了印刷商进入特殊印刷领域的技术门槛。

UV 共固化工艺的特性如下：

① 可用一般清洗剂清洗，且清洗时间较短，避免了印刷过程中停机时间过长的问题。

② 普通油墨印刷与共固化油墨印刷间转换所需时间和普通油墨印刷的换墨时间相同，且操作简便。

③ 共固化油墨在印刷中的水墨平衡宽容度与普通胶印油墨相同。因此对油墨乳化、脏版等问题容易控制，印刷质量稳定性提高。

④ 印刷网点比普通 UV 印刷更锐利，印刷墨膜表面颗粒细腻，且具有色彩透明的效果。

⑤ 共固化油墨不需要昂贵的 UV 专用胶辊。

⑥ 油墨间的叠印性极佳，只需一组中间座固化装置即可加强叠印效果，减少了硬件投资。

任务二　产品模切压痕

一、模切压痕基础知识介绍

1. 模切压痕的概念

用模切刀根据产品设计要求的图样组合成模切版，在压力作用下，将印刷品或其他板状坯料轧切成所需形状的成型工艺。利用压线刀或压线模，通过压力在板料上压出线痕，或利用滚线轮往板料上滚出线痕，以便板料能按预定位置进行弯折成型。

模切压痕工艺往往是把模切刀和压线刀组合在同一个模版内，在模切机上同时进行模切和压痕加工的，故简称为模压。

2. 模切压痕的作用以及运用

模压加工技术主要是用来对各类纸板进行模切和压痕，同时也可用于对皮革、塑料等材料进行模切和压痕加工。

模压加工操作简便、成本低、投资少、质量好、见效快，对加工后的制品可大幅度提高档次，提高产品包装附加值方面起着重要的作用。模压加工的这些特点，使其越来越广泛地应用于各类印刷纸板的成型加工中，已经成为印刷纸板成型加工不可缺少的一项重要技术。

模切压痕是印后加工的一项重要生产工艺。在包装成型中可谓关键一步，模切质量的好坏直接影响整个包装盒的成型外观，质量档次以至产品市场形象。同时模切质量的好坏又直接影响着糊盒的质量和效率，如压痕效果不明显，糊盒难度大并且废品率会大大增高。模切技术的提升能有效增强印刷企业竞争力。

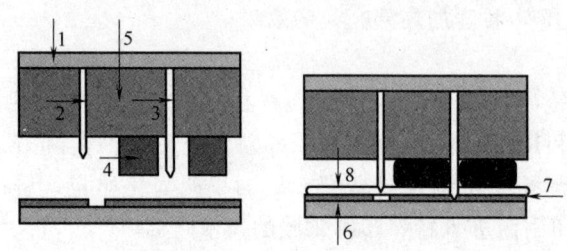

图 3-2-1 模切压痕原理图
1—版台 2—压痕线 3—模切刀 4—海绵胶条
5—底板（衬空材料） 6—压板 7—压痕模 8—印刷品

3. 模切压痕的原理

根据产品设计要求，将钢刀 4（模切刀）和钢线 2（压痕线）或钢模排成模切压痕版（模压版，阳模），将模压版装到模压机上，将待加工的印品放在阴模 8（压板）上，使阴阳模接触加压，在压力作用下，将纸板坯料轧切成型并压出折叠线或其他模纹，如图 3-2-1 所示。

二、模切版制作

1. 模切版的种类

（1）平压平模切版　使用于平压平模切，平压平模切适用面较广，从不干胶、卡纸、瓦楞纸板到塑胶片，木板类的材料都可以。如图 3-2-2 所示。

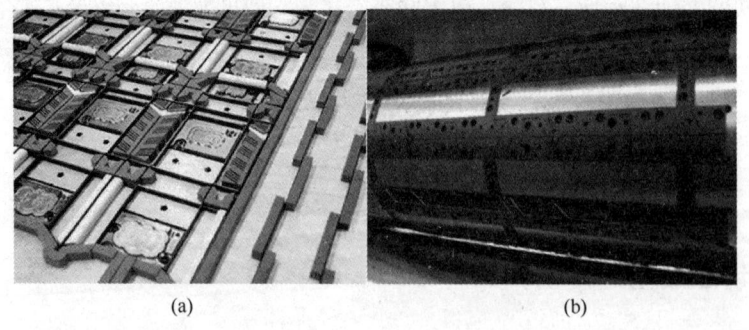

(a) (b)

图 3-2-2 模切版展示图
(a) 平压平模切版　(b) 圆压圆模切版

（2）圆压圆模切版　圆压圆模切对底胶垫的要求更高，最关键的是其耐切性能，要求在模切刀的百万次切割下，其表面结构仍非常紧密。

2. 模切版的制作过程

模切版的制作，俗称排刀，是指将钢刀、钢线、衬空材料等按照规定的要求，拼组成模切版的工艺操作过程。模切版制作的一般过程如下：绘制模切版轮廓图→切割底版→钢刀钢线裁切成型→组合拼版→开连接点→粘贴海绵胶条→试切垫版→制作压痕底模→试模切、签样。

首先制作人员应从模切版的材料、模切工艺的特性等方面综合考虑模切版面的大小与所选用模切设备的规格和工作能力相匹配；坚持既要保证加工质量，又要较好发挥设备能力的原则要求设计模切版版面，版面设计的任务包括：确定版面的大小，应与所选用设备的规格和工作能力相匹配；确定模切版的种类；选择模切版所用材料及规格。设计好的版面应满足以下要求，即模切版的格位应与印刷格位相符；工作部分应居于模切版的中央位置；线条、图形的移植要保证产品所要求的精度；版面刀线要对直，纵横刀线互成直角并与模切版侧边平行；断刀、断线要对齐等。

（1）为使模切版的钢刀、钢线具有较好的模切适性，产品设计和版面绘图时应注意以下问题，如图 3-2-3 所示。

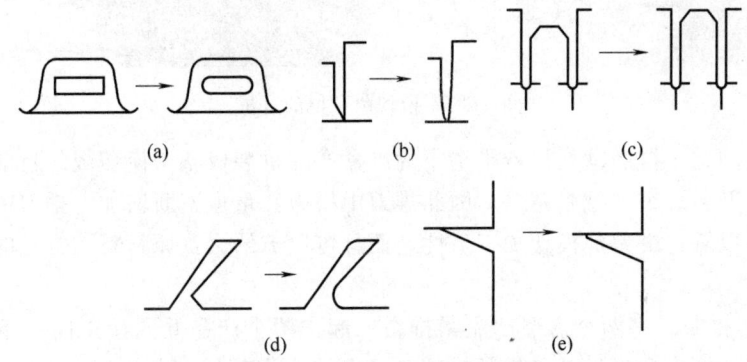

图 3-2-3　模切版绘制时注意问题

(a) 转弯处圆角　(b) 接头处防止尖角　(c) 避免多个相邻的狭窄废边
(d) 防止多个连续的尖角　(e) 尖角的处理

① 开槽开孔的刀线应尽量采用整线，线条转弯处应带圆角，防止出现相互垂直的钢刀拼接。

② 两条线的接头处，应防止出现尖角现象。

③ 避免多个相邻狭窄废边的联结，应增大连接部分，使其连成一块，便于清废，其宽度最小大于 5mm。

④ 防止出现连续的多个尖角，对无功能性要求的尖角，可改成圆角。

⑤ 防止尖角线截止于另一个直线的中间段落，这样会使固刀困难、钢刀易松动，并降低模切适性，应改为圆弧或加大其相遇角。

（2）过桥的预留　在绘制过程中，为了保证在制版过程中模切版不散版，要在大面积封闭图形部分留出若干处"过桥"，如图 3-2-4 所示。模切版的过桥位数量有讲究，大幅面模切如何多留过桥,小幅面模切版则可少留;模切版的四边要多留过桥,有利于模切版的修改、换刀的存放保管。过桥位钢刀和钢线冲孔高度要合理,冲孔高度要大于或等于模切版基材的厚度。如果过桥位钢刀和钢线孔位的高度不够,被模切版的基材垫高,上机生产时会承受额外的压力,造成钢刀刀刃损坏,痕线爆裂。纸盒模切版上设置的桥位、桥长和桥数,一般与纸盒的结构尺寸、模切版的规格等因素有关,还会影响模切版的使用寿命,至今尚无严格的标准可循,多凭经验设定。基本思路是:在纸盒展开图中的每个封闭线框的最长边上,至少设置一个桥。

设封闭线框最长边为 L (mm),留桥的规则如下:

① $L<100$mm 时,在中间设一个桥,桥长为 2mm。

② 100mm$<L<205$mm 时,在中间设一个桥,桥长为 5mm。

③ $L>205$mm 时,每隔 100mm 设一个桥,桥长为 5mm。

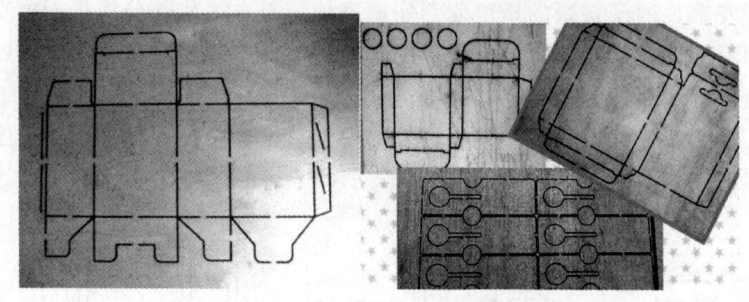

图 3-2-4 模切版预留的过桥

(3) 拼版问题 拼版就是将若干个小的纸盒产品拼装成整个模切版。目前模切压痕加工中,各种小型包装纸盒越来越多,因此排刀中拼版数量也不断增加。排刀中合理的组合形式,不仅可以获得良好的模切加工适性,而且可以节约大量原材料。常见的拼版组合形式有:

① 一刀切拼版。将两个盒型产品紧排在一起,两个产品共同使用同一条切线,模切时一刀将相邻的两个盒型切开。拼版时咬口应保持为完整的一条直线,要考虑便于清废,如图 3-2-5 所示。

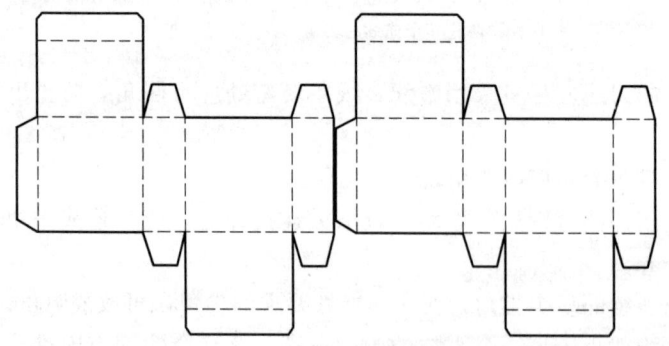

图 3-2-5 一刀切拼版图

② 双刀切拼版。相邻盒芯成品之间留有废边,模切时各自用单独的刀线切开。为便于加工和清废,模切加工后的废边应能连在一起。各个盒型之间应有足够的间隙以粘贴橡

皮条，并保持刀口光洁，两线间的间距应大于5mm。如图3-2-6所示。

③ 搭接桥拼版。如果两盒型产品相连且公共的刀线距离很短，模切加工中容易断裂，这会给操作带来一定的困难。这类拼版可采用搭接桥，即在合理的位置上，以产品的公用废边作为搭桥，这样对清废和模切操作都十分有利，如图3-2-7所示。

（4）纸纹方向的确定　由于模切压痕产品大部分为盒型产品，而盒型产品最终需要完成成品的成型，因此在产品成型的折叠过程中，避免发生鼓胀现象并使得产品更美观，并且有利于纸盒在高速的自动包装生产线上的正常工作，一般情况下，纸纹方向应与纸盒的主压痕线垂直，即纸纹方向与盒体的环绕方向垂直。

（5）压痕线宽度以及让刀位　在设计模切板时，要考虑到由于压痕刀的作用，使得纸板产生弯曲，从而使纸板在垂直于压痕刀方向的尺寸发生收缩，设计模切板时应预留一定的尺寸，由于一般压痕钢线的宽度为0.71mm，因此通常按0.7mm计算（纸板厚度比较大时可适当增大）。设计人员一般根据盒片的粘合位置预留适当的尺寸，如图3-2-9所示。

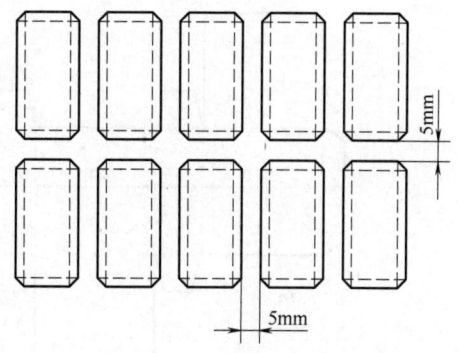

图3-2-6　双刀切拼版

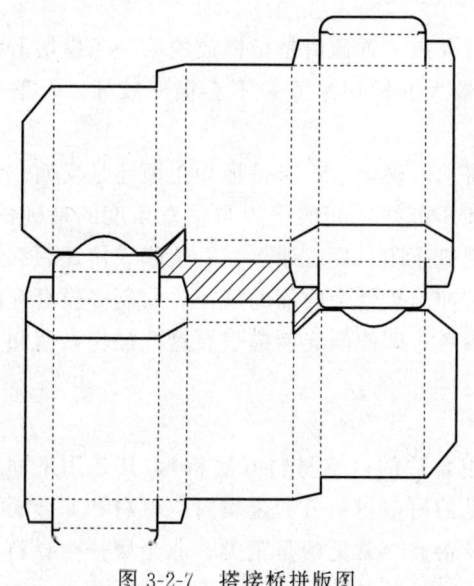

图3-2-7　搭接桥拼版图

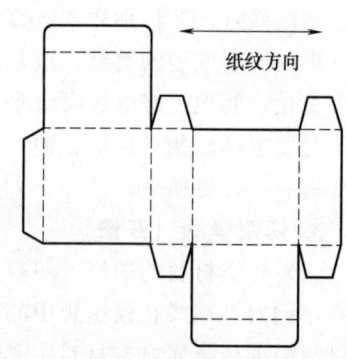

图3-2-8　纸纹方向

考虑到纸板有一定的厚度，因此，纸盒成型时在相互交错的部分应预留一定的尺寸，使得纸盒的压痕线在不同的盒片上有所不同，这样才能保证盒体各面平整。比如正反扣的纸盒，带插舌的盒片与相邻摇翼的压痕线的高度就有差别。这样，纸盒成型后，带插舌的盒片才会比较平整。让刀位的尺寸应根据纸板的厚度加以选择，理论上讲，让刀的尺寸应为一个纸板的厚度，但实际的数值往往要更大一些，对于常用的210～350g/m² 白板纸或白卡纸，一般要预留0.5mm，有的则稍小；对裱后的纸板由于厚度比较大，一般要预留

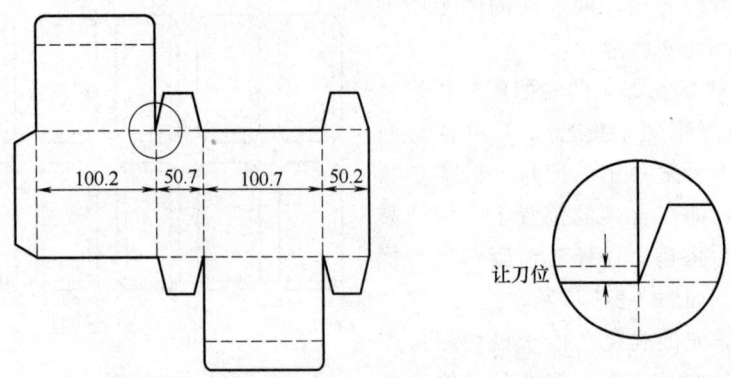

图 3-2-9 预留压痕线宽度以及让刀位

1mm 左右的让刀位。让刀的尺寸过大或过小都不好，过大则易产生爆角（粘合后的纸盒尖角部位缝隙过大或裂开叫爆角），尤其是当纸板比较厚时（比如说对裱的纸板），这种现象更容易产生。过小则纸盒的某些面就不平整。

(6) 粘胶部位的设计　粘胶部位应设计在盒片比较大的一边，这主要是考虑到糊盒机在传送盒坯时比较平稳，而且其位置多是靠向操作者一边，这是因为大多数糊盒机的刷胶机构是在操作者一边的，刷胶比较方便。因此，在盒型设计时就要考虑到糊盒机的结构特性，以便能够顺利生产。粘胶部分的大小要根据盒体的大小具体而定，一般以能够粘牢而又节约材料为原则。

(7) 模切版咬口空白位置预留　模切版咬口空白位置预留是指横放的第一条模切刀到模切版边缘必须留有空白位置预留，可以获得最大的模切尺寸并不会损坏咬牙。一般来说，空白位置大致在 9～17mm，通常是 13mm。

小贴示：绘制图稿时，要根据不同客户的需求，确定生产时是模切正面还是反面。手工绘制图稿时，要特别注意折叠纸盒的钢刀线和压痕线之间的平等与垂直角度的精确性，这是影响纸盒成型的关键。纸张和纸板经过印刷机压印、后工序上光、覆膜或裱瓦后都会发生变化，要把握好纸张吸收水分受潮会伸胀、加温烘烤会收缩的规律。绘制多模套轧的版面时要选择已相对稳定、伸缩率小的彩盒作参考。即使激光制模也要这样操作，所制作的模切版才会更精准。

3. 切割模版（开槽）

(1) 衬空材料的选择　切割模板首要要选用合适的衬空材料（底板），其是用来固紧及确定钢刀、钢线在模压版中的位置材料。常见的衬空材料分为金属衬空材料和非金属衬空材料两种，金属衬空材料主要有铅类、钢以及铝类，常见的是钢类；非金属衬空材料主要有木板、梓木合钉板、胶合板、纤维塑胶版，常见的是胶合板，如图 3-2-10 所示。

① 密度板。将木材、树枝等物体放在水中浸泡后经热磨、铺装、热压而成，是以木质纤维或其他植物纤维为原料，胶粘剂制成的人造板材。密度板特性价格便宜，易于加工，不易燃烧，长久放置不会虫蛀；密度板的耐潮性，能高低温型差，易变形，不利于刀版的保存；钢刀钢线安装后容易发生松动，且不易再固定。硬度耐模切机冲压力性都低于其他底板材料。密度板只适合于刀线较为简单的短版活，且不能长久保存。

② 胶合板。用涂胶后的单板按木纹方向纵横交错配成的板坯，在加热或不加热的条

图 3-2-10 不同类型的底版

件下压制而成。常用的有三合板、五合板等。胶合板特性：价格比密度板稍贵，但各种性能较密度板更适用做刀版底板材料。质量好的多层胶合板具有以下性能：有较高的硬度，可耐受模切冲压力；木板质地均匀，切割时缝隙宽度统一，松紧一致，刀线安装后松紧均匀，整版没有应力，模切时压力也就均匀，对刀的伤害小，可延长刀的寿命；柔韧性要好，可缓冲模切冲压力。适合做模切板的木板有桦木和榉木，质量好的国内有上海板，国外的有芬兰板，厚度常用 15mm、18mm。多层木质胶合板的尺寸稳定性差，尺寸误差一般为 0.15～0.70mm。

③ 塑胶板。常用的有纤维塑胶板、PVC 硬塑料板两种。塑胶板特点：具有良好的化学稳定性，耐腐蚀性，硬度大，强度大，强度高，表面光洁平整，不吸水，不变形等特点。使用寿命长，可用于长版活，易于计算机控制切割，精度高。

④ 金属类衬空材料。铅类衬空材料模压版：包括各种规格的空铅、衬铅和铅条等，其规格与活字排版的衬空材料相同；其特点是排版操作简单方便，改版灵活性好，重复使用率高，成本低。钢类衬空材料模压版：如钢型刻版、钢板刻版等，制版时需经机械加工，因而工艺复杂，难度较高，成本高，周期长；但坚固耐用，重复使用率高，比较适用于大批量或定型产品的模切。铝类衬空材料模压版：特点是质地轻，加工方便；但改版困难，底版只能一次性使用，因而成本也较高。

纤维塑胶板和三文治钢板的尺寸误差分别为 0.13～0.30mm 和 0.10～0.20mm。

小贴士：大部分刀版在保存时必须立放。密度板不具有防潮耐高温低温性能，易变形。因此保存时应注意防潮，避免阳光直射，避免高温低温。但三明治钢底模存放时必须平放。

(2) 底版（衬空材料）的切割主要有手工切割、锯床切割、激光切割等方式。

① 手工切割。木板为版基模（压）切版，手工切割制作。锯缝刀线不直；复杂图形不容易制作；一图多版的重复性不好；制品不规范；制版效率低。

锯床切割是目前中小企业自行加工模切版的主要方法，锯床的工作是利用特制锯条的上下往返运动，在底版上加工出可装钢刀和钢线的窄槽，锯条的厚度等于相应位置钢刀和钢线的厚度。锯床上配有电钻，可以在底版上钻孔，钻孔后，将锯条穿过底版，再进行切割。现在的锯床根据使用的场合和制版种类不同，规格丰富且功能完善，有的锯床配有吸尘系统，可以把锯切的锯末自动收集，锯条可以进行电动装夹，有些大版面锯床工作台面上还配有气浮系统。可以使大版面锯割轻快灵活。近年来，CAD/CAM技术也已应用于模切版的制作，其原理是利用 CAD/CAM 技术和计算机控制技术，控制锯床完成切割，开槽质量有较大提高。

　② 激光切割。激光切割是在由电脑控制的激光切割机上进行的，它是以激光作为能源，通过激光产生的高温对底版材料进行切割。进行激光切割首先需要将整版模切轮廓图输入电脑，由电脑控制底版的移动，用激光进行切割。但在切割过程中需要的参数较多，如材料质量参数、板材厚度、激光输出功率、辅助气体的种类和压力、喷嘴的直径、口径、材料与喷嘴的距离间隙、透镜的焦距、焦点的位置以及切割速度等，如图 3-2-11 所示。激光切割脉冲激光束切割，切缝为连续点孔，富有弹性，可消除木板应力，防止装入刀具后木板压缩变形，保证制版精确；进行复杂图形的切割，切割时可按设计在同一版上开出不同宽度切缝，满足制版要求；切割速度快，效率高。

　高压水喷射切割。高压水喷射切割水压可达 3000 斤，在水中加沙可切 5～6cm 的钢板，用于切割纤维塑胶板无污染。

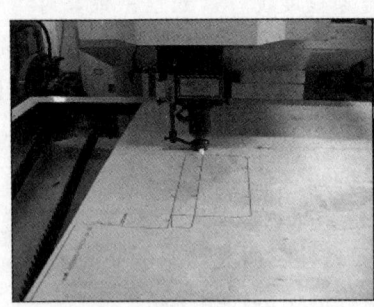

图 3-2-11　底版切割

　（3）模切版的组装　整体式模压版。在整块衬空材料上按图样开出沟缝，在沟缝中嵌入钢刀或钢线加以固紧而形成的模压版。其特点是造价较高，但牢靠耐用，易于安装及调整，贮存备用方便，且在圆压圆模压机上只能采用整体式模压版。

　组装式模压版。钢刀和钢线在整个模压版中的位置，是按图样用许多单件的衬空材料组装固定而成。其特点是改版灵活，材料的重复使用率高，可节省制版材料。

4. 钢刀和钢线的成型与组合拼版

　模板切割完成后，就要装模切刀和压痕线。为了保证模切质量，应选择质量较好的模切刀和压痕线。

　（1）模切刀的选择　模切用的刀具成为模切刀，也称钢刀、啤刀等。模切刀应钢材质地均匀、刀身与刀锋的硬度组合适当、规格准确、刀锋经淬火处理等。优质的模切刀其刀锋硬度通常明显高于刀身硬度，这样既便于成型，又提供了较长的模切寿命，如图 3-2-12 所示。

模切刀片要有良好的弯曲特性便于弯曲成形。钢分子结构紧密、硬度适宜，进行精湛的表面退碳处理过的优质钢材，即将较脆的碳分子从制材的表层退去，仿似一层软皮组织包覆着刀身，使制作的模切刀受弯时不致表面脆裂而导致刀身断裂。

模切刀硬度的选择，模切刀体要有韧性，可以弯成任何复杂形状，以适应模切压痕产品复杂形状的需要。模切刀按照硬度可分为软体刀、中硬性刀和硬体刀。软体刀并不指刀刃软，而是刀身的硬度较低（如HRC35），刃口部分进行淬火处理，硬度可至HRC56，软体刀线整体可以弯出小的圆弧和半径。硬体刀指的是刀的整体硬度可达HRC45，强度较高。

图 3-2-12　各种不同的模切刀展示图

硬性钢刀的硬度及耐磨性高，但弹性小，成型弯曲度小，故适于加工量大、纸板厚而形状较简单的产品的加工；软性钢刀硬度低，但弹性好，成型的弯曲度可大，故适于加工批量小、纸张薄、形状复杂的产品；中硬性钢刀则介于两者之间，加工适性相对较宽。

模切刀具的刃口部分要有一定的硬度，应具有锋利耐磨损等特性。为了适合不同的模切要求，模切刀有不同的刃口形状。依刃口形状不同可分为低刃、单边低刃、高刃和单边高刃4种，如图 3-2-13 所示。低峰刀是应用最广泛的一种模切刀，虽然刀锋很小，看似不够锋利。其实，在模切 $450g/m^2$ 以下的卡纸或一些厚度小于 0.5mm 的材料时，低峰是最理想的形式，其稳定厚度的刃刃支撑为压力的传送起到了很好的作用。常用低峰刀的角度为 52°，是非常稳定的基础角度。刃角越小，其模切阻力越小，自然更加锋利、易于切穿。高峰刀是为模切厚材料而设计的，其修长的刀锋可以极大地减少模切阻力，减小模切压力，同时给厚材料提供一个良好的切边。

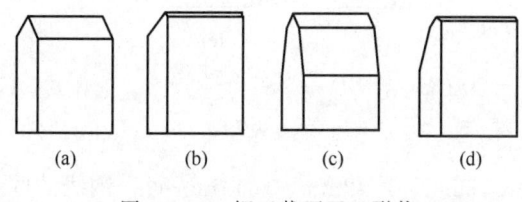

图 3-2-13　钢刀截面刃口形状
(a) 低刃　(b) 单边低刃　(c) 高刃　(d) 单边高刃

模切刀还分为横纹和直纹两种：横纹处理是水平层次均衡分布传递压力，稳定性好，刃口是线性的，加工精度高；直纹处理垂直线性压力传递，传递压力与纹理同向，应力集中某传递线上，容易造成开裂，刃口是点状组合，容易钝口。

根据不同的模切需要，沿模切刀刃口长度方向，依刀刃形状分类，有平直形刃口、齿形（粗齿、细齿）刃口、针孔形刃口、波浪形刃口和其他形状刃口。

切刀选择正确与否将直接影响模切产品的质量。例如，定量小于 $450g/m^2$ 的普通卡纸加工通常采用横纹低锋软刀；对于长线产品的模切，如烟标模切就宜采用低锋超级涂层软刀。

在模切加工中，要根据被模切材料的种类和厚度确定所用模切刀的类型。下列表示常见的模切产品中不同模切刀的选择。

表 3-2-1　　　　　　　　　　　不同的模切产品中不同模切刀的选择

模切产品类型	模切刀类型	优　势
卡纸小于 $450g/m^2$	低峰软刀	模切稳定，易于成型
卡纸小于 $450g/m^2$，覆膜	低峰磨制软刀	磨制刀锋易于切穿表面黏性材料
厚卡纸	高峰加强软刀或厚软刀	耐压力强
翻盖烟盒	低峰超级涂层软刀	极长的模切批次
薄纸、薄膜类材料	G12 软刀	超级锋利，特高精度
灰卡纸	山特维克 500 高峰刀	超强耐压，0.71mm 的厚度，易于切入

模切刀高度的选择。常用的钢刀刀片高度为 23.8mm；不干胶用的钢刀高度为 7mm、8mm、9.5mm；其他常用钢刀高度为 23.6mm、30mm、35mm、40mm、50mm。

模切刀厚度的选择。常用钢刀的厚度为 0.71mm，也有 0.53mm、1.05mm、1.42mm、2.13mm，模切刀的厚度选择根据纸张厚度选择，通常模切刀的厚度要大于等于纸张的厚度。

小贴士：模切加工后的产品切边位置要正确，切口要光洁、无刀花、无毛边。而实际生产时，由于受模版材质、模切压力和被模切材料的影响，模切刀的锋利程度会逐渐下降，甚至变形，导致产品的模切质量达不到要求。因此，生产过程中要勤抽样、勤检查，以便及时发现并纠正。

（2）压痕线的选择　压痕用的工具称为压痕工具，也称钢线、啤线等。

钢线形状的选择。钢线的形状有单头线、双头线、圆头线、平头线、尖头线等，如图 3-2-14 所示。

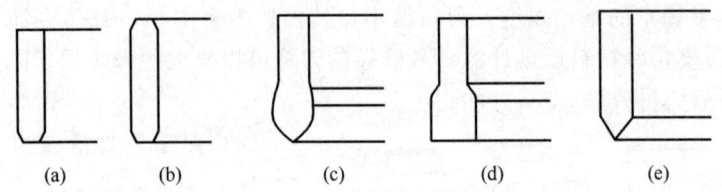

图 3-2-14　不同钢线形状
(a) 单头线　(b) 双头线　(c) 圆头线　(d) 平头线　(e) 尖头线

钢线的厚度选择。常用的压痕线厚度有 0.7mm、1.42mm、2.14mm 等，钢线的厚度等于钢刀的厚度。选择压痕钢线时，钢线的厚度（f）要大于纸张的厚度（e）。

钢线的高度选择。压痕线的高度为 22mm～23.8mm，略小于模切刀的高度（H），且高度（h）要受钢线常用规格所限，其厚度只能根据纸张厚度范围进行相应的调整。例如，对于厚度为 0.300mm～0.600mm 的常用卡纸，其对应的钢线厚度为 0.71mm；且钢线高度随着纸张厚度的增加而减小，一般来说，钢线的高度（h）可由下式计算：

$$h = 模切刀的高度(H) - 纸张厚度(e) \pm 修正值$$

如果是瓦楞纸，纸张厚度为压实后的瓦楞纸厚度。修正值为 0.05mm～0.10mm。

此外，要在印品上获得理想的压痕线，压痕钢线的高度还应根据压痕底模槽底厚度（g）做出相应的变化。当槽底厚度不等于 0.1mm 时，压痕钢线的高度也应进行相应的改变（增大或减小），即随着压痕底模厚度的增大而减小，反之亦然。

压痕钢线选用得当与否不但影响纸盒的成型效果，还间接影响产品的模切质量，导致产品切边起毛。选用压痕钢线时，也应根据纸质的不同，对压痕钢线做适当的调整。对于纤维较长、韧性较好，比较抗拉的纸张，可采用高一点的压痕钢线；而对于纤维较短，纸质发脆的纸张，则应相应地降低压痕钢线的高度。

实际应用时，还要根据具体情况确定最终的压痕钢线高度。例如，在设置模切压痕版时，如果由于刀线间的距离过小而使产品出现毛边，需适当降低压痕钢线的高度来减小刀线对纸张产生的过大拉力，从而避免纸张撕裂而产生起毛现象；如果压痕槽直接在底模钢板上加工，压痕钢线高度则应适当增加，此时可选择与模切刀等高的压痕钢线（23.8mm）。

模切三层以上的瓦楞包装盒时，压痕钢线的厚度要选用1.42mm；如果是B/C型五层瓦楞包装盒，用两根钢线合并一起共用。

（3）安装模切刀和压痕线前，首先要按照每段盒型刀线的长度将模切刀和压痕线进行裁剪，弯曲成相应的长度和形状。完成这一工序可以采用手工单机成型加工和自动弯刀机成型加工两种方法。

手工单机成型加工的专用设备主要有刀片裁切机、刀片成型机（弯刀机）、刀片冲孔机（过桥切刀机）、刀片切角机等，如图3-2-15所示。其中，刀片裁切机用于钢刀和钢线的长度裁切；刀片成型机（弯刀机）用于钢刀和钢线的圆弧或角度的精确成型；刀片冲孔机（过桥切刀机）用于过桥部分刀、线的冲孔；刀片切角机用于刀、线相交处钢刀的切角（保证有效切断）。这种加工方法速度较慢、生产效率低，不能加工精细复杂图形，重复性差，且对人工的熟练程度和技术水平依赖性很大；但成本相对较低，适合低质量、工期不紧的模切版的加工。

图3-2-15　手动模切刀具加工设备图
(a) 刀片裁切机　(b) 弯刀机　(c) 刀片冲孔机

自动弯刀机成型加工是近几年逐步兴起的钢刀和钢线的成型加工方法，一般是和激光切割机相配合使用，共同完成模切版的制作，如图3-2-16所示。全自动电脑数控弯刀机把裁切、弯刀、冲孔、切角整合在一台机器上一次性完成，可以说是弯刀工艺的一次质的飞跃。自动弯刀所用的弯刀图形直接取自产品的图形设计，工作时，只需调入图形，输入要成型的数量，机器即可完成弯刀成型。处理时，刀片被送进特制的通道，此通道紧紧握住刀片，可用运转如飞、精确无误来形容。机器可接受直条刀线，但最好用卷装刀线，这样可提高速度，又可节省材料。

图 3-2-16　全自动弯刀机图

钢刀和钢线成型加工好以后，安装时要求将切割好的底版放在版台上，将一段加工好的刀线背部朝下，对准相应的底版位置，用专用刀模锤锤打上部刃口，将其镶入模版。锤打时一定要用专用的刀模锤或木锤，刀模锤头部采用高弹橡胶制成，在打刀线刃口时，可以保证不伤刃口。近年来，自动装刀机也已出现，使装刀速度和质量都有了很大的提高。

小贴士：刀具成型加工时，整个轮廓应尽量减少拼接。刀具成型后，一般不宜再裁剪。刀具成型加工时，钢刀、钢线的刃口和刀底应相互垂直，以保持钢刀钢线刃上的各点都处于同一平面，模切时获得相同的压力。

5. 压力补偿

在模切过程中，为保证模切版面所承受的压力的均衡性，从而确保模切效果和模切质量，有时需要在模切版的空白处添加一定数量的钢条（钢条的宽度跟模切版上模切区域的宽度相同），以对版面的模切压力进行补偿。

所需添加的钢条数量可以根据下面的公式计算得出：

$$N=(a\times b)/(e\times d)$$

其中，a 为模切版上所有钢刀的总长度，b 为空白处的高度，d 为模切版上模切区域的宽度，e 为模切版上模切区域的长度，N 为添加钢条的数量。

在软件中查询可获得相关数据：

$$a=10811.30\text{mm}, b=122.65\text{mm}, e=598\text{mm}, d=871.5\text{mm}$$

代入公式可得：

$$N=(a\times b)/(e\times d)=(10811.30\times 122.65)/(598\times 871.5)=2.54\approx 3$$

所以，此模切版的空白处应添加3根钢条。

6. 开连接点

在模切版制版过程中，开连接点，也称为搭桥，这是一项必不可少的工序。

搭桥就是在模切刀刃口部开出一定宽度的小口，在模切后到清废的一段时间里，使废边在模切后仍有局部连在整个印张上而不散开，保证切好的纸盒不会从纸板中脱落下来，而在清废时纸盒和废料又易于分离，搭桥的数量不能太多，否则就失去了意义。可以说，搭桥的好坏直接决定了模切工艺能否顺利进行。

开连接点应使用的专用设备是刀线打孔机，即用砂轮磨削，而不应用锤子和錾子去开连接点，否则会损坏刀线和搭脚，并在连接部分容易产生毛刺。连接点宽度有0.3、0.4、0.5、0.6、0.8、1.0mm等大小不同的规格，常用的规格为0.4mm。连接点通常打在成型产品看不到的隐蔽处，成型后外观处的连接点应越小越好，以免影响成品外观。另外还应注意不要在过桥位置开连接点（过桥位置模切刀是悬空的）。

小贴示：在设计搭桥时要考虑多方面的因素，例如刀具的强度、热胀冷缩性能等。假设由于受热后每片模切刀伸长0.5mm，那么搭桥的两端就会伸长1.0mm，所制作时就应当将模切刀的长度缩短 1.0mm。另外,每一段的钢刀长度不要过大,否则易造成变形等。

7. 粘贴海绵胶条

钢刀和钢线安装完后,为了防止模切刀在模切、压痕时粘住纸张,并使走纸顺畅,在刀线两侧要粘贴弹性海绵胶条。弹性海绵胶条在模切中所起的作用非常重要,它直接影响模切的速度与质量。一般来说,海绵胶条应高出模切刀 3~5mm。模切胶条按硬度分为标准胶条、硬胶条和特硬胶条,如 3-2-17 所示。

图 3-2-17　模切用海绵胶条

对于不同的模切速度、模切材料,要选用不同硬度、尺寸及形状的胶条;且对于粘贴在不同位置的胶条,也应选用不同的硬度。具体选择弹性海绵胶条时可遵循以下原则:

硬性海绵胶条多放在模切刀口下沿的空档处,软性海绵胶条多放在模切刀内侧或模切刀与模切刀之间的缝隙之中。

模切刀之间的距离如果小于 8mm,则应选择硬度为 HS600 的海绵胶条。

模切刀之间的距离如果大于 10mm,则应选择硬度为 HS250(瓦楞纸板)或 350(卡纸板)的海绵胶条。

模切刀与钢线的距离如果小于 10mm,则应选择硬度为 HS700 的拱型海绵胶条;如果大于 10mm,则应选择硬度为 HS350 的海绵胶条。

模切刀的打口位置使用硬度为 HS700 的拱型海绵胶条,用于保护连点不被拉断。

模切胶条的粘贴位置距离模切刀 2mm 为宜(最小距离不能小于 1.5mm)。如果海绵条完全靠紧钢刀,当机器加压工作时,海绵条受到机器压力挤压,会把模切钢刀向另一侧挤压,致使钢刀变弯、损坏。如果距离太近,胶条在受压时会产生侧向分力,破坏纸张的连点或使切边起毛,影响模切效果;如果距离太远,则起不到防止纸张粘刀的作用。

粘贴弹性海绵条时,要对海绵条的性能规格有所选择。比较薄的纸张应选用弹力小一点的海绵胶条(硬度 HS25~35),厚纸板或瓦楞纸板要选用弹力大的海绵胶条(硬度 HS50~60)。

小贴示:模切版在未粘贴弹性海绵胶条时,就上机台安装试压,模切版此时对机台的压力需求很小。如果在较大的机器压力下试压,模切版的钢刀刀刃就有可能被损伤,钢刀刀刃一旦被损伤,就会造成正常生产时不断纸张或纸板、纸边切口起毛边等故障。所以,模切版上机安装之前就应当粘贴好弹性海绵胶条,这有利于安全作业和保护模切版。

8. 试切垫板

模切版加工完成后,要首先将模切版装在模切机上进行试切,若试切试样局部正常,而有一部分切不断时，就要在局部范围进行垫板，也叫做"补压"。垫板就是利用0.05mm厚的垫纸板粘贴在模切版底部，对模切刀进行高度补偿。当局部垫板后仍有个别刀线模切不透时，就要进行位置垫板，位置垫板就是用窄条垫板直接粘在模切刀底部进行刀线高度补偿。这一工序对模切质量和速度也有着直接影响，并且对操作工人的经验和技术要求较高。

通过以上几个工序，模切版的制作基本完成，制作好的模切版可以上机生产了，但在正式生产之前，还必须经过制作压痕底根（以利于压痕的形成，常用方法有手工粘底模法和贴压痕模法等）、试模切、客户签样等工序，才能进行正式生产。

三、制作底模版

1. 压痕底模的分类

（1）手粘底模　这是压痕底模最早的制作方法，采用的是用复写纸粘在底模钢板压出印痕，按压印位置，手工拼贴底模凹槽而成，这种方法制作压痕底模效率低，准确性差，所压出的痕线不够饱满，并且可压痕次数很少。

（2）用底模开槽机开出底模　这种制作工艺是用底模材料手工画出或在模切机上印出线痕，再用专用压痕底模开槽机在底模材料上用所需槽宽度的锯片铣刀铣出凹槽，所制作压痕底模的质量根据操作者的技术水平不同，差异较大；同时制作总体成本较高，现在这种制作工艺的使用也是越来越少了。

（3）纤维压痕底模　这种加工方法中底模材料选用纤维板，材料坚硬并且耐用，一般使用在极长版的模切中，制作工艺比较复杂，需要在专用电脑底模加工机上制作，整体制作成本高和适应性较差。

（4）钢底模　这种制作方法是直接在底模钢板上用电加工成痕槽，优点是有极好的尺寸稳定性和机械强度，缺点是工艺复杂，需要昂贵的专有设备，适合单一产品模切且极长版的活。

（5）压痕模　这种使用压痕底模板的方式为最快捷方便的制作方法，不需要购买设备或专门去定做底模，通过简单的操作即可在底模钢板上制作出整齐标准的压痕底模，并且耐用性强，价格便宜，适合短、中、长版不同的需要，如图3-2-18所示。采用压痕模制作压痕底模的方法是世界上用于痕底模制用应用最广泛的方法，在国内近几年来也是迅速发展应用的新方法。

图 3-2-18　压痕模

2. 压痕模

自粘底模中以使用树脂纤维自粘底模较为普遍，其轻巧，便于快速、准确粘贴，成本相对较低，且加工产品的质量稳定。目前，也有不少厂家采用不锈钢底板自粘底模，因为它不仅具有树脂纤维自粘底模的优点，而且加工的产品质量更稳定可靠，特别是在长线大批量产品的生产加工中，更凸显其优势。并且在生产过程中，不锈钢底板自粘底模还解决了树脂纤维自粘底模容易磨损、开裂、移位等问题。不锈钢底板自粘底模一般与三明治钢模版配合使用，但价格较高。

（1）压痕模的种类　按使用位置，压痕底模主要可分为标准型、超窄型、单边狭窄型、连坑型四种类型，如图 3-2-19 所示，其结构如图 3-2-20。所示标准型压痕底模主要安装在压痕线两侧距离较宽的位置；超窄型压痕底模安装在压痕线与模切刀距离较近的位置；单边狭窄型压痕底模安装在压痕线与模切刀距离较近的位置；连坑型压痕底模则配合两条或两条以上距离在 4mm 以内的压痕线使用。

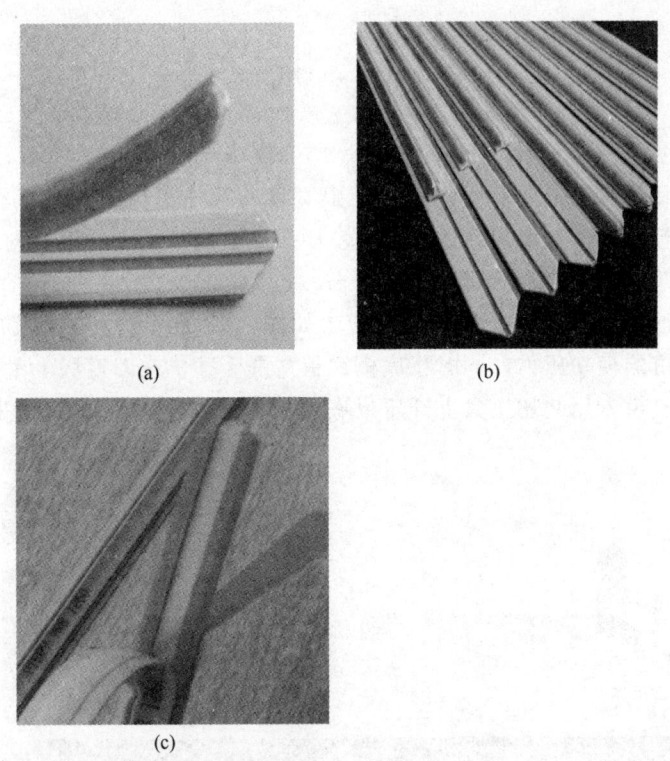

图 3-2-19　不同种类的压痕模图
(a) 超窄型　(b) 连坑型　(c) 标准型

（2）压痕底模的选择　压痕底模的规格型号用"槽深×槽宽"表示，要根据加工纸张的类型及厚度选择合适规格型号的压痕底模，其方法如下。

① 模切卡纸

$$压痕底模槽深＝卡纸厚度$$
$$压痕底模槽宽＝纸厚×1.5＋压痕线厚度$$
$$压痕线高度＝模切刀高度－（纸厚＋0.05mm 或 0.1mm）$$

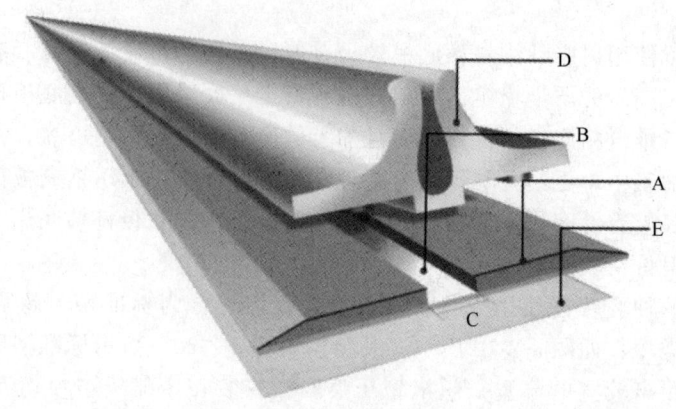

图 3-2-20　压痕底模结构图
A—压痕底模　B—强力底胶片　C—压痕模槽宽　D—塑料定位条　E—保护胶贴

② 模切瓦楞纸

$$压痕底模槽深 = 瓦楞纸压实厚度$$
$$压痕底模槽宽 = 瓦楞纸压实厚度 \times 2.0 + 压痕线厚度$$
$$压痕线高度 = 模切刀高度 - 瓦楞纸压实后厚度$$

小贴士：实际操作中，要获得理想的压痕宽度，应注意压痕线在纸张表面的分布方向，并且要对计算出的槽宽值进行适当调整。如果压痕线与纸张纤维方向平行（CD），并与两者垂直（MD）时，压痕线应略宽 0.1mm。

（3）安装压痕底模　安装压痕底模的步骤如图 3-2-21 所示。在安装压痕底模前，首先要调节好模切机的模切压力，同时将底模钢板清洗干净。在刀模版上量取所需压痕底模的长度。在压痕底模专用裁切工具上开压痕底模，将压痕底模两端自然切成 90°尖角。在

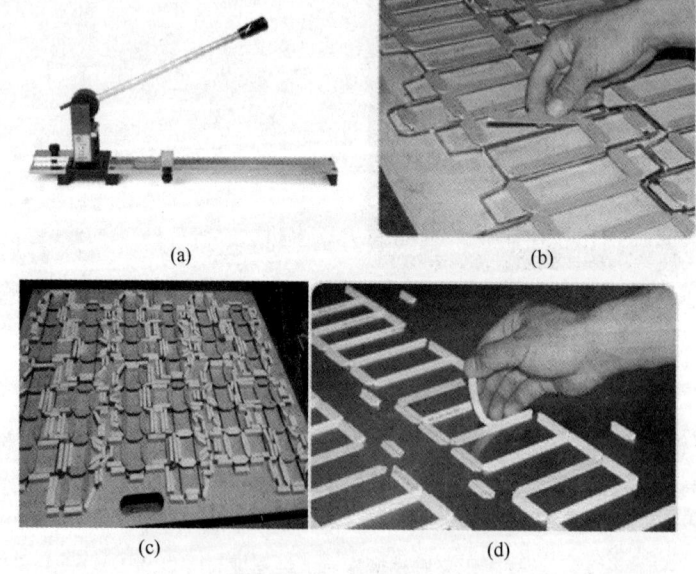

图 3-2-21　压痕底模安装过程
（a）量取后裁切　（b）将压痕底模卡在对应的地方　（c）卡完以后模切一次　（d）去除定位条

压痕底模上部的定位塑料条将压痕底模卡在模切版上对应的压痕线上。将压痕底模底部的不干胶撕掉。将模切版装在模切机上,然后将模切机开动一次,压痕底模即定位在底模钢板上。撤去粘在底模钢板压痕底模上的定位塑料条,压痕底模定位完成。修整压痕底模的重叠部分。压痕底模底部采用高强底胶,推荐用橡胶锤打压痕底模,使压痕底模与底模钢板粘贴更牢固,可用强力胶二次固定压痕底模。

小贴士:制作模切版前要认真阅读制作资料,仔细观察样品图纸,对产品的形状、结构、功能等做更深层次的分析和研究,对要模切材料的种类、模切版开数、纸张厚度等因素要重点考虑。大规格纸盒的用纸都比较厚,选用的压痕钢线高度就要低一些(22.50~22.80mm),而模切小规格纸盒时则要选用高一些的压痕钢线(22.80~23.60mm)。如果选用的压痕钢线型号不匹配,压痕钢线太高,可能造成纸盒的痕线爆裂;压痕钢线太低,痕线不明显,纸盒成型不好,尤其是糊盒时会造成糊口超位或是喇叭口。

(4)底模钢板 底模钢板是厚度约为4mm的钢板,与模切版大小相当,是模切压痕中不可缺少的元件之一,在"硬切法"模切方式中起到操作平台的作用,模切和压痕都是直接或间接在其上完成的。

现在印刷品的模切加工多采用"硬切法"模切方式,即通过对模切刀施加一定的压力,直接将纸张在钢底板上切断。久而久之,底模钢板上就会出现越来越深的刀槽,致使模切后的产品切边起毛,不光洁。而要解决此类问题,须将底模钢板打磨平整后再使用,必要时也可更换底模钢板。

四、模切压痕工艺过程

模切压痕一般来说包含以下工艺过程:上版→调整压力→确定规矩→粘贴橡皮条→试压模切→正式模切压痕→清废→成品检查→点数包装。

1. 上版

首先,校对已经做好的模切版,大致观察是否符合设计稿的要求。钢线(压线刀)和钢刀(模切刀)位置是否准确;开槽开孔的刀线是否采用整线,线条转弯处是否为圆角;为了便于清废,相邻狭窄废边的联结是否增大了连接部分,使其连成一块;两线条的接头处是否出现尖角现象;是否存在尖角线截止于另一直线的中间段落的情况等问题。模切版一旦出现上述问题,应立即通知制版人员进行修正避免更多时间上的浪费。然后,把制作好的模切版,安装固定在模切机的版框内,初步调整好版的位置。

2. 调整压力、确定规矩

影响模切压力的因素:模切压力是同活动的下平台向上移动与固定的上平台压合而产生的。在模切中,主要受到以下几方面的阻力:

① 模切钢刀切入纸板时受到的阻力,纸板越厚、越硬,对钢刀的阻力越大。模切版上钢刀的两侧需要安装胶条,其目的是使模切完成后纸板能及时从钢刀上弹出,脱离钢刀。纸板越厚,将纸板从钢刀弹出所需的力就越大,安装的胶条要求更硬一些,才有足够的弹力。当钢刀切入纸板时,胶条受挤压产生阻力,阻力的大小和胶条的硬度、版面上胶条的总长度以及胶条的宽度有关。

② 模切过程中,钢线要配合压痕线使纸板产生塑性变形。纸板越厚、越硬,加载过程中钢线对纸板塑性压痕时受到的阻力也就越大。

③ 模切钢刀切透纸板，压在平台上，平台对钢刀所产生的阻力。

克服上述几方面的阻力，使纸板切断并压出痕迹所需要的力，即模切所需的压力。在调节模切压力之前，需要先估计所需的压力，以便调节调压机构到适当的位置。模切所需的压力大小主要取决于以下几方面：

模切版上的钢刀、钢线的总长度越长，纸板对钢刀、钢线产生的阻力越大，所需的模切压力就越大。纸板的厚度越厚、越硬，切断纸板和使纸板发生塑性变形产生压痕所需的模切压力就越大。胶条的硬度越大，宽度越宽，加起来的总长度越长，对纸板产生的阻力越大，所需的模切压力也就越大。应当根据纸板的厚度选择适当硬度的胶条，且胶条不需要太宽，最好把胶条裁成小段，间隔地布置在钢刀的两侧，这样可以减少模切所需的压力。

模切压力的调节步骤。裁切一叠比下平台尺寸稍小的硬纸板（定量在 $200\sim300\text{g/m}^2$ 为宜）备用，尽量受用厚度均匀、结构紧密、质地坚硬的纸板，在强大的压力作用下塑性变形量小。

3. 安装模切版

用锯出来的模切版，板的切口往往不够光洁，有的钢刀、钢线的背面有木板的碎屑，横切时会使该处的局部压力过大，因此一定要把钢刀、钢线背面的木屑清理干净。

模切版安装好后。取一张上述准备好的纸板（以下称调压纸板），使调压纸板的右纸边与叼口边和下平台的右边缘齐平，然后用胶带纸把调压纸板粘贴在下平台上，根据经验调整压力，点动机器，在调压纸板上压出刀痕。这时对模切压力的精度要求不高，只要控制到不把调压纸板切断，同时又能看到刀痕就行，随后可以根据刀痕对模切压力进行局部的调节。将调压纸板从下平台上取出，同时把版框从机器中抽出，然后把调压纸板用胶带粘贴在上框钢板上。同于调压纸板在压痕时与下平台的右边缘和前边缘齐平放置的，所以它的右边缘和前边缘相对于上框钢板的右边缘、前边缘位置是固定的，这个位置我们应该提前用笔画在上框钢板上供长期使用，可以很方便地将调压纸板对准画在钢板上的记号位置，然后用胶带纸将其固定。粘贴在钢版上的调压纸板的刀痕应该和它下面的模切版上的钢刀位置上下对齐，后面需要局部补充压力时，只需在该纸板上找到相应的位置进行补充即可。

4. 安装压痕线

综合考虑版面钢刀和钢线的总长度、所要模切的纸板厚度和硬度、胶条的硬度和面积等因素，大概设置一个压力值，调节调压机构到合适的刻度。

输入第一张待模切的纸板，试压检查，然后再进行压力的校正调节。压力的校正分为整体调节和局部调节两种，需先调节整体压力，后调节局部压力。

（1）整体压力调节　通过调节调压机构来控制，新购进的模切机压力比较均匀，一般是将整体压力调节到使 70%～80% 的切线能被切断为止。由于模切版不管规格大小，总是在版框中靠前居中安装，靠前面、中间的部位受压力的机会更多，所以长期使用后的模切机，其压力分布往往很不均匀，无法像新机器那样调节整体压力并达到 70% 以上的切线被断，有的机器只能调到小部分切线被切断，余下的大部分要靠局部调节来弥补。

（2）局部压力调节　局部压力调节通过在粘贴于上框钢板上的调压纸板上的对应位置粘贴适当厚度的纸张来实现。如果模切机压力分布不均匀程度比较严重，可以在局部粘贴厚度适当的纸张；如果只是某一刀没切断，则只在该刀所对应的位置粘贴修正纸带，通常修正纸带有不同厚度的多种类型，根据压力不足的适度选用。通过多次试压，反复地在调压纸板上对局部压力进行补充，以满足在尽可能小的压力下达到切断纸板和压痕的需要。

模切压力调节注意事项。局部调节压力时，粘贴纸线或纸带的位置一定要准确。为了保证位置准确，首先，在上框上粘贴调压纸板时要注意位置准确，模切后针对纸板上压力不足的部位，在调压纸板上找准相应位置进行修补。有人是把修正纸条直接粘贴在模切版的钢刀背面，因为粘贴在钢刀或钢线背面的修正纸条在模切过程中会承受很大的压强，纸条很快就会被压穿而失去了补充压力的作用，容易出现刚贴上时压力足够，但很快又不足而不能切断纸板的现象，因此这种办法是不可取的。

局部补充压力时，可能会造成原本压力足够的周围部分的压力不足，因此局部压力调节后，不仅要检查该部位的压力是否足够切断纸板，还要检查周围部位的压力是否依旧足够。

调节好模切压力后，开始正式模切。由于模切版上钢刀、钢线的放置不平整，以及调压纸板的塑性变形等因素，模切几十到几百张以后，很可能又会出现不足现象，这时要注意及时增补压力。

5. 试压模切、正式模切、清废、成品检查、点数包装

上述工作完成后，应先模切出样张，进行全面检查看各项指标是否符合要求。待专职检验人员签样确认后，即可进行批量生产。生产过程中，操作人员应不定期进行自检。主要是和样张进行比较，看是否存在问题及时进行解决。对模切后的产品应去除多余的边料，然后对有毛刺的边缘进行打磨，使其光洁无毛边。随后对成品进行挑选检查，剔除残次品，最后点数、包装、验收、入库。

五、模切压痕设备

（1）平压平型模切机 平压平型模切机工作原理。该机的模切版台和压切机构的形状都是平板状的。模切版被固定在平整的版台上，被加工板料放在压板（下压盘）上。工作时，模切版台固定不动，压板通过曲轴连杆作用往复运动，使得版台与压板不断地离合压，每合压一次便实现一次模切，如图3-2-22所示。常见的平压平型模切机有立式模切机和卧式模切机两种。目前，立式模切机主要是用平压平型印刷机改变而成；而卧式模切

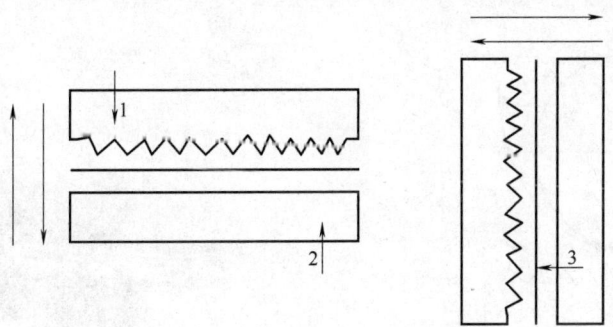

图3-2-22 平压平模切机工作原理图
1—模切版 2—模压版台 3—印刷品

机结构与单色胶印机类似，它由输料部分、模压部分、出料部分功能，有的具有自动清废装置等功能。如图 3-2-23 所示。

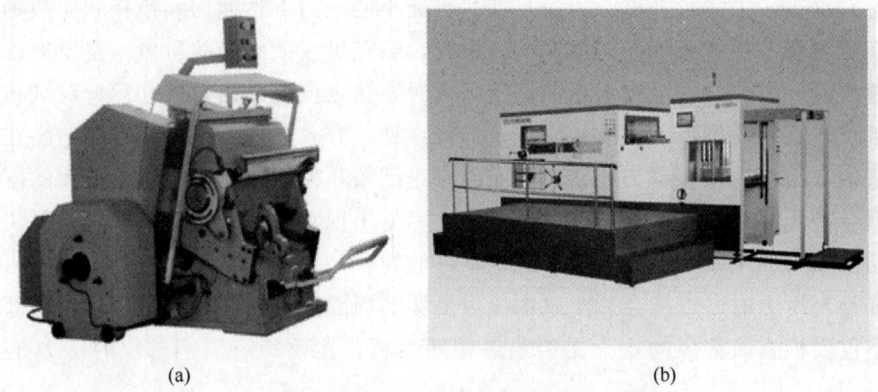

图 3-2-23 平压平模切机
(a) 立式平压平模切机 (b) 卧式平压平模切机

平压平型模切机优缺点。由于平压平型模切机相对于其他模切设备具有结构简单、维修方便、便于操作、容易更换模切压痕版、适合不同克重的材料、模切精确等一系列优点，所以它具有广泛的应用市场。但是它的不足之处也是很明显的，例如它工作时需要有很大的压力，从而导致劳动强度加大、生产效率低。

平压平型模切机的应用范围比较广，适用于折叠纸盒、粘贴纸盒、瓦楞纸箱的模切压痕处理，是目前国内使用较为普遍的模切设备。国内以唐山玉印和天津长荣生产的连续输纸自动模切最为普及。

(2) 圆压平型模切机　圆压平型模切机工作原理。圆压平型模切机的工作原理类似于海德堡早期圆压平型印刷机，它的模切版台是平板状的，模切版被固定在其表面，模切版台可以借助于背面的滑轮前后回程运动，加工板料通过模压滚筒的叼纸牙续纸，如图 3-2-25 所示。工作时，在模压滚筒运转的同时，版台随之向前运动，从而实现模切，在叼纸牙续纸接下一张纸之前，版台作回程运动重新回到起始位置（此时版台不与模压滚筒的工作面相接触），以便于下一次模切工作，如图 3-2-24 所示。

圆压平型模切机优缺点。这类模切机大多由早期的海德堡圆压平型印刷机改造而成。

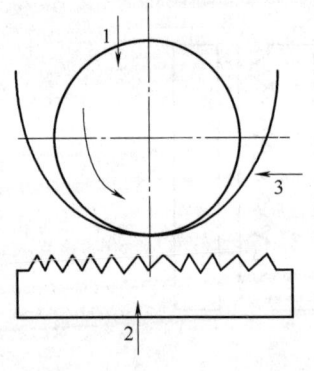

图 3-2-24 圆压平模切原理图

图 3-2-25 圆压平模切机

该设备采用了圆筒形的压力滚筒代替压板，故工作时不是"面接触"而是"线接触"，机器在模切时只需较小的压力，因而机器的负载比较平稳。但由于模切版与模压滚筒相互对滚时产生的分力作用，容易导致刀线变形和移位。其应用范围相对狭窄，一般只适合克重小于 $400g/m^2$ 的纸板的模切，特别适合于纸张模切和电化铝薄膜烫金处理。在纸张模切过程中，应尤为注意纸张的纤维方向，一般应使其平行于模压滚筒轴向，否则会引起严重的纸张伸缩现象。

（3）圆压圆模切机　圆压圆模切机工作原理。圆压圆模切机的模切版台和压切机构（压力滚筒）的工作部分形状都是圆筒状的，模压原理类似于胶印印刷机，如图 3-2-27 所示。将一个或两个弧度与模切版如基体（即模切版滚筒）相同的半圆形模切版（或金属模切辊）固定于模切版滚筒上，在压力滚筒表面覆上一层保护模切刀口的聚酯塑料。随着模压的进行，表层的聚酯塑料将被破坏，因此一般每隔一段时间就要将表层聚酯揭去，更换新的塑料层。模切时，送料辊将加工板料送到模切版滚筒和压力滚筒之间，两者将其夹住对滚模压，模切版滚筒旋转一周就完成一次模切任务，如图 3-2-26 所示。

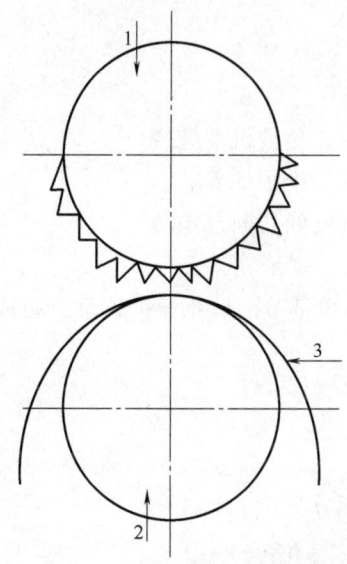

图 3-2-26　圆压圆模切机工作原理图

图 3-2-27　圆压圆模切设备图

圆压圆模切机优缺点。由于该模切机工作时滚筒是连续运转的。因此它的工作效率相对于其他模切机来说是最高的，特别适合于大批量的生产。但正是由于其模切速度快，导致有时不能保证所需要的模切精度。它和圆压平型模切机一样，采用线接触原理来完成模压工作，所以在模切时只需较小的压力，且压力分布较均匀，因而机器的负载比较平稳。但是它的模切版是弯曲成曲面的，因此在制版和装版上比较繁琐，技术难度比较大，制版成本也比较高，圆压圆轮转模切装置所需要的模切版比平压平模切版成本高出 25%～100%。圆压圆型模切机主要用于瓦楞产品的模切，目前市场的占有率很低。但随着科学技术发展进步，该模切机的发展趋势较好，因为它适应了未来印后加工工艺的机械化、联机化和自动化的要求，人们可以根据需要将模压机构和印刷机械连成一条生产线，实现联机化操作，这样能有效地减少劳动力的需求、缩短工艺流程、降低工艺过程中的损耗，从而提高生产效率、降低劳动成本、获得更大的利润。

六、模切压痕工艺操作过程（以 MK1060 为例讲解）

1. 安全操作规则

① 为防止意外，请必须按要求操作。

② 阅读和遵守设备的使用要求。确定设备的操作者是受过我公司培训，有正常技能者。

③ 除非工作环境好，机器的所有安全门、防护机构和传动等功能正常，否则不要使用机器。

④ 开机前检查设备的安全防护装置是否工作正常。

⑤ 不要忽略或破坏安全防护装置的正常工作。

⑥ 发现故障立即汇报上级主管，让任何可能去操作此设备的人员注意。

⑦ 确保在每次启动机器时没有人在机器里面，没有人在接触机器。

⑧ 机器在运转时，不要将手脚或身体的任何部位伸入机器里面或靠近机器的运转部位。

⑨ 机器运转时不要爬到机器上面。

⑩ 维持机器及机器周围的工作区域干净整洁。

⑪ 不要穿宽松的服装，注意袖口等处扣紧，不宽松。以免被机器缠绕。

⑫ 确保机器的维护，遵照手册的提示对设备进行良好的维护保养。

⑬ 开启电柜、电箱以及带电部位外罩等操作，需确认已经切断总电源。

2. 机器介绍

如图 3-2-28 所示，模切机由输纸部分、模压部分、清废部分、收纸单元四部分组成。

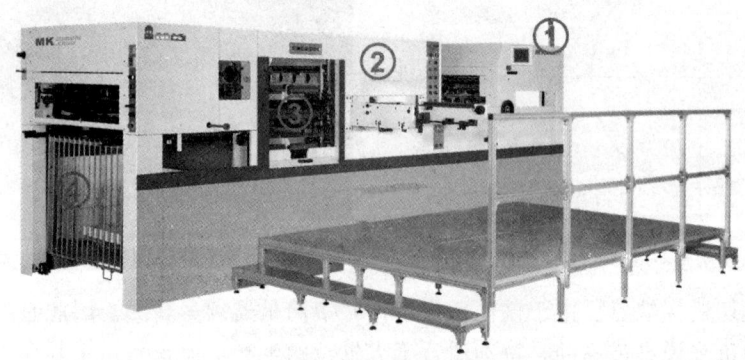

图 3-2-28　模切机全图

① 输纸单元　以鱼鳞送纸方式，通过飞达头动作自动将纸张从纸堆连续不断的分离，平稳输送给牙排。

② 模压单元　通过牙排的间歇运动和活动平台的上下运动，并以活动平台与固定平台的短暂接触，实现纸张的模切功能。

③ 清废单元　通过清废装置上中下三部分的往复冲切式动作，实现机器的排废功能。

④ 收纸单元　将模切后的纸张整齐的收集成堆并记录产量。

3. 输纸单元生产操作流程及要点，如图 3-2-29 所示

① 首先将需要进行生产的纸张取出一张，对折，使纸张中间出现中心印记，将中心

印记对准标尺板的中心位置，调整侧面挡纸板，将纸张依次上齐。（如图 3-2-29a、图 3-2-29b所示）；

② 纸张全部上齐后，将纸台上升，当纸堆抵住风锤限位后，纸台停止上升，将手自动按钮转换，将两侧侧吹风挡片靠住纸张边缘。[如图 3-2-29（c）、图 3-2-29（d）]。

③ 调整飞达头高低和前后位置，调整压纸块、分纸毛刷、分纸吹嘴、分纸片、压脚，以达到正式走纸要求。[如图 3-2-29（e）～图 3-2-29（g）]。

④ 调节双张控制器，保证两张纸的厚度可以通过，三张则不行。[如图 3-2-29（h）]。

⑤ 点动机器至开牙位置，根据事先打样时调节好的前规咬口位置及侧规拉纸位置，将纸张靠住前规、侧规，调整送纸胶轮至纸张后口处距纸张 3～5mm，调整送纸毛轮至毛轮竖直方向与纸张后口边缘相切为最佳。[如图 3-2-29（i）]。

⑥ 当纸张通过输纸台，出现歪斜情况时，调整飞达头左侧旋钮，将纸张走齐。[如图 3-2-29（j）]。

⑦ 由于纸张的不同，可能会出现纸张在输纸皮带上打滑的程度不同，纸张达到前规的时间也就不同，此时，根据实际生产情况，调节输纸部送纸皮带调时手轮。（顺时针转动手轮纸张晚到前规；逆时针转动手轮纸张早到前规。）[如图 3-2-29（k）]。

⑧ 将图中所示手柄扳到右侧（即到位减速一侧），此时可有效避免纸张在高速运转或纸张挺度不足时，在前规定位处定位不稳定的现象。[如图 3-2-29（l）]。

⑨ 印张侧规位置微调手柄[如图 3-2-29（m）]。

⑩ 叼口大小调节手柄：在走纸方向前规可调整范围为8mm，允许纸张叼口，空白为9～17mm，标准叼口空白为13mm。顺时针旋转咬口变小；逆时针增大 [如图 3-2-29（n）]。

⑪ 升压按钮，减压按钮。当动平台在最低点的位置时，方可调整平台压力 [如图 3-2-29（o）]。

⑫ 前挡规配有四组光电检测电眼，检测纸张到达前挡规的状态。注意前规电眼容易被灰尘弄脏，应经常清洁 [如图 3-2-29（p）]。

⑬ 机器前定位侧规部分：手柄1—侧规锁紧手柄：当纸张规矩调整到位后将此手柄锁紧，保证实际生产时侧规方向规矩不会发生偏差；旋钮1—推拉规转换旋钮；此旋钮可实现侧规以推规或拉规不同方式运转的转换；旋钮2—高度调整旋钮；此旋钮可实现压纸轮高低位置和压纸时间长短的调整；旋钮3—拉力调整旋钮；此旋钮针对纸张不同，可实现拉力大小的调整；旋钮4—侧规锁定旋钮：当侧规以推规状态运转时，此旋钮可实现压纸轮不动作 [如图 3-2-29（q）]。

4. 装版

① 选择符合标准的刀版（图 3-2-30） 生产现场领取新制作好的模切版，上机前要校验该模切版是不是生产所需产品，确认其规格型号、盒型是否与文件资料相符。版材厚度18mm，模切刀高度23.8mm，为确保刀版中心安装时与机器的中心相一致，刀版叼口一侧中心预留 15mm×8mm 开槽，与板框配合。刀版第一条模切刀线与木板边缘要求预留20mm 以保证获得最大的模切幅面，且不毁坏牙排叼口，此位置可获得 9mm～17mm 范围的叼口空白。再次确认该模切版及产品是正面模切还是反面模切，确认无误后，根据纸张的叼口和拉规方向，在模切版上进行标识记录，避免模切版上机安装方向错误。

按照模切版已标识的方向，把模切版安装在机器的中央位置。如果采用的是自动模切

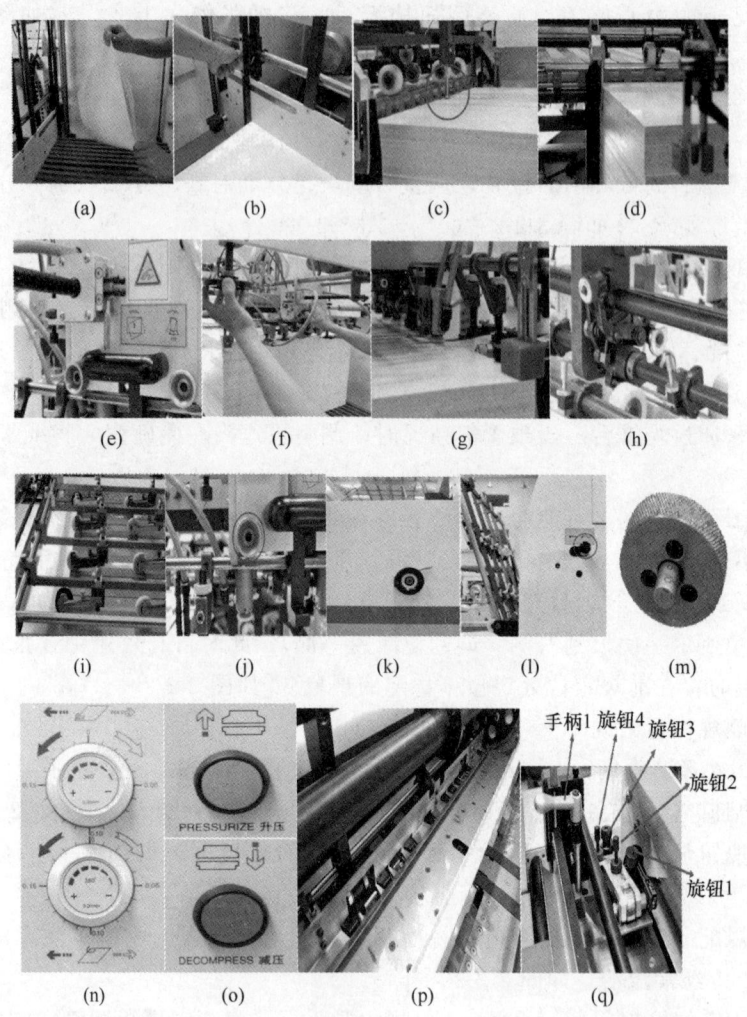

图 3-2-29　输纸单元设备调节图

机，必须先测量和预留好模切版叼口位置的尺寸。当模切的幅面（纵向）小于最大幅面的95%，需要在刀版上加装平衡刀，以保证刀版使用寿命。模切版四边要紧固锁牢，否则，轻微的松动会引起模切版痕线偏位，产品痕线爆裂；严重时会造成模切版垮版，酿成重大的机器事故。生产长单和气候干燥时，每天都要对模切版进行检查。

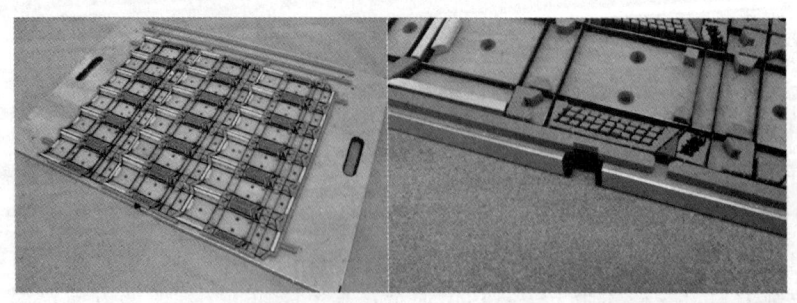

图 3-2-30　正确的模切刀版

② 将刀版安装到版框上。点动机器至低点位置，松开锁版按钮，将版框从机器中拉出，翻转版框，将刀版中心定位槽对准版框中心定位块安装到位，用开口扳手将顶版螺栓紧上，翻转版框，将版框推入机器中，到位、锁紧，如图 3-2-31 所示。

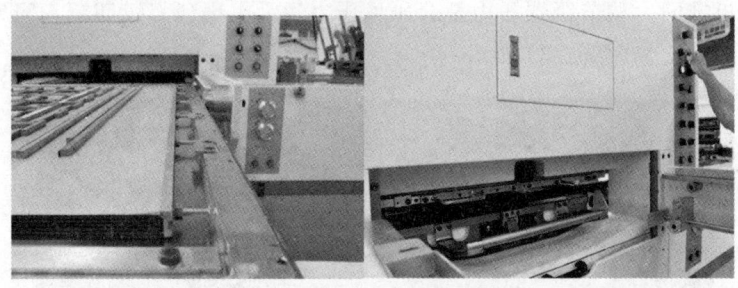

图 3-2-31　装版过程图

5. 模切压力调整

点动机器至开牙位置，取一张所要生产的纸张，将纸张咬口一侧靠住前规挡片，随后按下点动按钮，启动运转按钮，当纸张经过模切顺利落至副收纸上时，取出样张，观察纸张模切压力情况。

根据纸张模切压力情况，调节纸张压力大小（从小到大），当纸张上出现印记时，停止加压，如图 3-2-32 所示。

图 3-2-32　模切压力大小调节图

6. 纸张模切位置对位调整

根据纸张上已出现的模切印记，调整前规叼口位置及侧规位置，使纸张模切线与刀版刀线重合，如图 3-2-33 所示。

图 3-2-33　前规位置以及侧规位置调节

7. 补压垫板纸的制作

取一张幅面比模切刀版略大的白卡纸，一张大面积的复写纸，与一张压力底纸，将压力底纸放在最下面，复写纸夹在卡纸与压力底纸之间，用胶带将其固定在拉出的下钢板上，随后将钢板推回，调节机器压力至合压后压力底纸上出现刀线印记，完成压力底纸打样，取下压力底纸，如图 3-2-34 所示。

图 3-2-34　补压纸板制作图

8. 粘贴压力纸

用卷尺测量刀版上第一刀线距版框边缘（前、侧）距离，根据实际测量距离，将压力纸粘贴在版框上方，如图 3-2-35 所示。

图 3-2-35　压力纸粘贴

9. 补压调整

将版框推入机器后，逐渐调整压力使纸张 20% 的刀线正常切穿，此时，在补压垫板纸上的对应线条上粘贴补压纸（厚 0.05mm～0.1mm），直至纸张完全切穿，如图 3-2-36

所示。补压的过程是需要反复多次才能达到满意的效果。

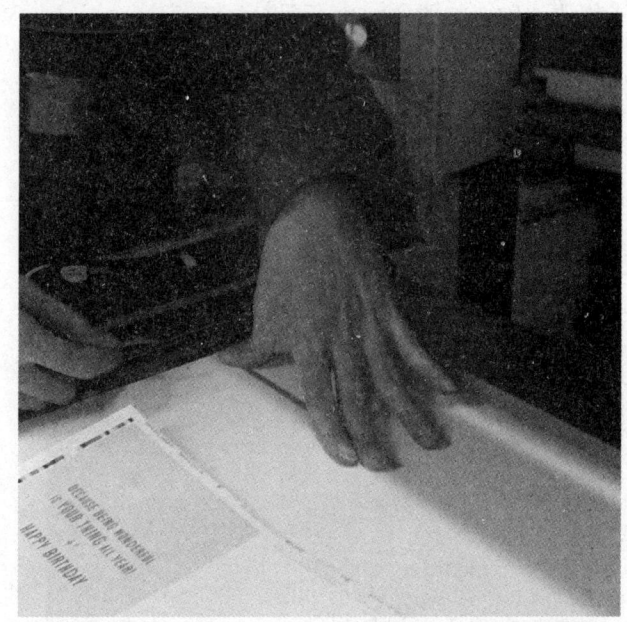

图 3-2-36　粘贴补压纸

10. 底模制作

根据所要生产的纸张选择适当型号的压痕线，根据刀版上压痕刀的长度及数量，裁切已准备好的压痕条将其安放在刀版上，同时，揭掉压痕线上的贴纸，将版框推入机器中。点动机器至合压后全部压痕条都粘在下钢板上，随后揭掉上边的胶槽，完成底模的制作，如图 3-2-37 所示。

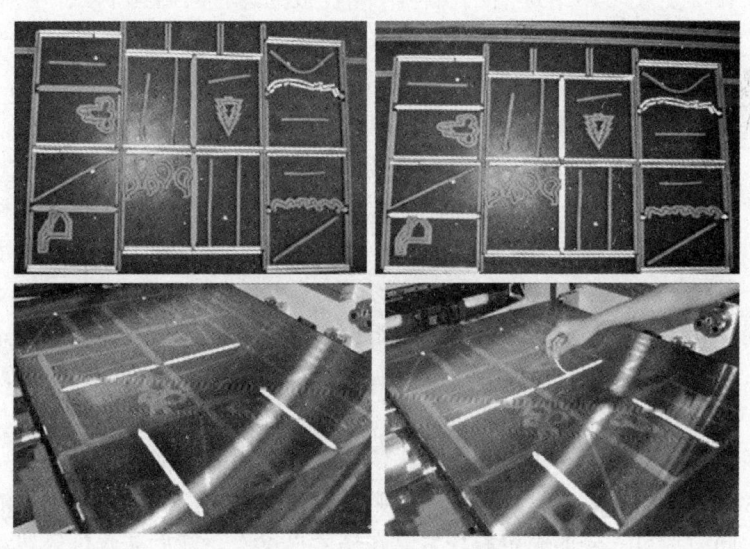

图 3-2-37　压痕底模的粘贴

11. 清废单元的清废原理

中部阴性清废模版支撑住经模切压痕后的印品，上清废框下移，上下清废针瞬间夹住废边向下运动，在上清废针的作用下，将废边与成品分离。上部回位，下部向下运动，废边下落，从而实现了废边清除，如图3-2-38所示。

图 3-2-38　设备清废单元图

（1）清废版材要求　中清废版（阴性清废版），如图3-2-39所示，中清废版要使用12mm厚层压版，其前版边缘必须符合模切刀版的第一条模切刀线的位置，旁边和后边缘必须比照外线的模切刀向木板的里边缩小1.5mm，纸张上需要清废的地方，模版上的清废洞一定要比废边大一点，各边要比废纸大1.5mm。在中清废版上与纸张前进方向相对的边，必须有倒角，避免在纸张运行时出现挂纸的现象，影响生产速度。

（2）上清废模版装置　如图3-2-40所示，木板采用15mm厚层压板，木板前边板边必须符合模切刀版第一条模切刀线的位置，上部清废模版尺寸随模切而定，木板要超出两边和后边的外模切刀30mm，这样便于安装清废工具和海绵（不要超出最大尺寸）。

（3）清废单元生产操作流程及要点　中清废模版的组装。首先，将M6异形螺母（如图3-2-41中a）固定在中清废模版上，用角铁（如图3-2-41中b）与其连接；然后，将多孔版（如图3-2-41中c）与角铁连接；最后，将固定斜块（如图3-2-41中d）对位装于靠近中清废模版后口一侧的多孔版上，完成中清废模版的组装（如图3-2-41中e）。

（4）中清废模版的安装　将中清废模版叼口一侧多孔版上的斜角插入中清废框上的斜勾横梁架中，同时后口一侧的固定斜块紧靠在锁紧横梁上，随后向收纸侧转动横梁手柄直至中清废模版锁紧，使横梁手柄发生自转。此时，将锁紧横梁锁住即可。（如图3-2-42所示）待中清废模版安装到位，将清废托布摇至中清废模版后侧，防止出现散纸现象，如图3-2-42所示。

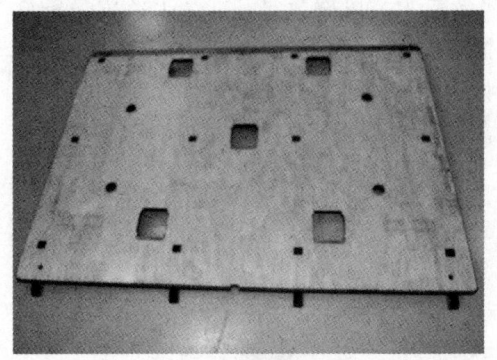

图 3-2-39　中清废版图

图 3-2-40　上清废版图

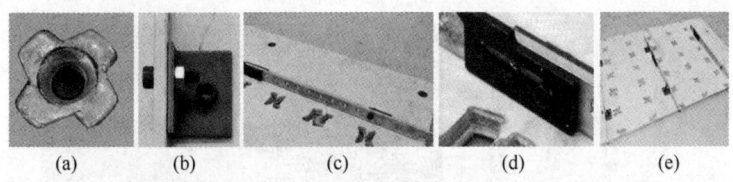

图 3-2-41　清废工具

图 3-2-42　中清废版的安装图

（5）中清废模版与模切纸张的对位。当中清废模板与模切纸张出现位置偏差的时候，我们需要调节清废中框中心定位块和清废版前端固定板，来实现前后左右的位置调整，如图 3-2-43 所示。

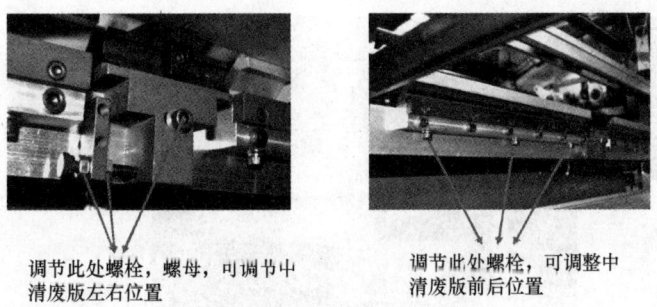

图 3-2-43　中清废版的位置调节

（6）安装上清废装置　根据模切纸张需要清废的位置和废纸大小，将不同型号的固定清废针和清废海绵安装在上清废框上，当遇到清废面积较大的时候，我们可以增加不同型号清废针的数量，以达到清废要求。通过调节上清废框上的定位块，可实现上框位置的整体调整。当生产过程不需要上清废动作时，将上框摇起手柄 M6 螺丝松掉，逆时针旋转

180°，再锁紧。此时，上清废不再动作。当上清废装置为清废模版时，安装上清废装置流程为：①将上清废框两侧边框反向安装；②将上清废框前后定位块整体提升一个孔位安装到清废框上；③将清废横梁安装到清废框上；④将清废挂钩上的弹簧和挂钩组件取下，将其反向安装到清废横梁上与上清废模版连接；⑤将上清废模版整体位置与中清废模版对正。

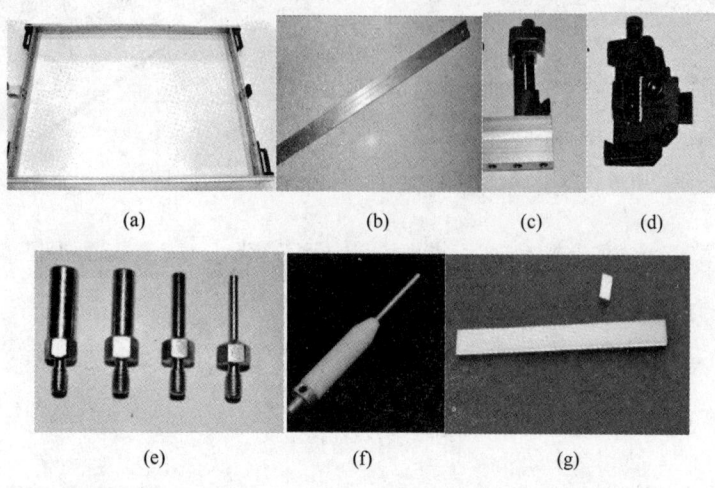

图 3-2-44　安装上清废版使用工具
(a) 清废框　(b) 清废横梁　(c) 清废挂钩　(d) 横梁挂钩
(e) 固定清废针　(f) 伸缩清废针　(g) 清废海绵

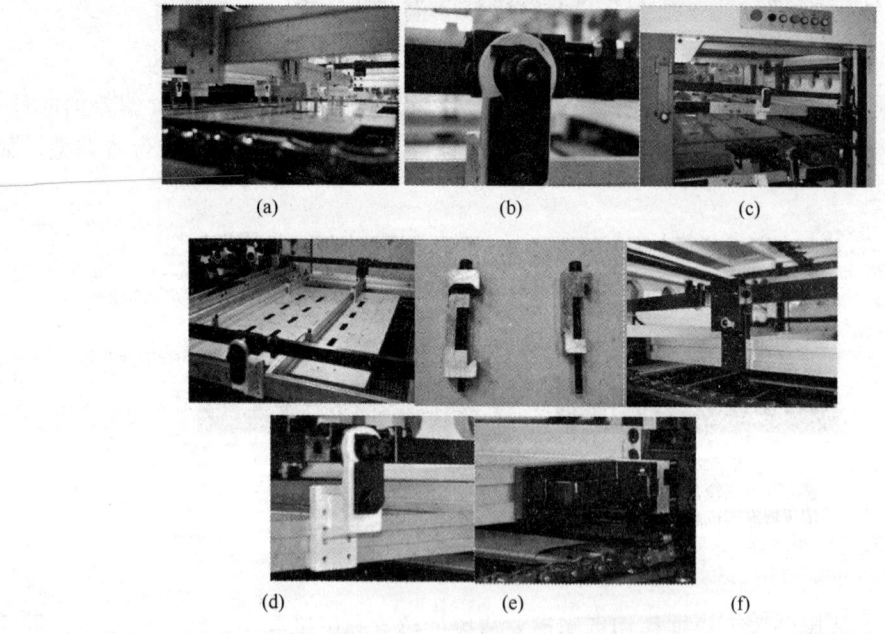

图 3-2-45　安装上清废版流程图

（7）安装下清废装置　根据上清废框固定清废针的位置，将伸缩清废针对位安装在下清废框上，每个废纸的位置只需安装一只即可，如图 3-2-46 所示。最理想的是将伸缩清废针装在废纸的前方和连接点的位置。如上清废已装有清废模版，针对实际的清废状况，我们可以在清废不彻底的位置上，在下框上安装伸缩清废针。

图 3-2-46　安装下清废版图

12. 收纸部分调节

（1）调整压纸毛刷力量　当纸张顺利到达收纸部后，根据纸张厚度，调节压纸毛刷力量至轻轻压住纸张后口边缘即可。

（2）收纸齐纸调节　在纸张到达收纸部定位即将实现开牙动作时，调整左右侧齐纸距纸张边缘 5mm 左右。当纸张开牙落下后，前齐纸动作至收纸夹紧极限位置时，调整前齐纸手轮，将纸张前后边缘位置靠紧前后齐纸片，如图 3-2-47 所示。在机器运转同时，观察收纸整齐度情况，如有误差，再进行齐纸的细微调整。

图 3-2-47　收纸位置调节

（3）主副收纸转换　当副收纸累积到一定高度的纸张后，机器会出现收纸超高预警，此时，将主收纸托板上升至适当位置，将副收纸小车拉出，完成主副收纸转换。

（4）收纸堆出料　当主收纸钢板在收纸过程中自动下降到距地面 200mm 处时，机器会出现收纸预警响声，随后机器速度减慢，此时将收纸模式转为自动，将主收纸钢板下降，副收纸小车推入，将生产成品取走即可，如图 3-2-48 所示。

图 3-2-48　主副收纸转换图

七、模切压痕故障分析

1. 模切精度不高

模切中出现偏差是生产中的最常见问题。模切的精度是衡量模切质量最为重要的标准之一，是合格产品的重要保证。影响模切精度的原因很多，如机械的原因，模切版本身的问题，也有来自印刷品的问题，作业环境，人员操作的问题各种不同的原因，解决办法也不尽相同。

纸板传送过程中，主传动链条磨损拉长，将直接影响模切前的定位精度，此时要更换链条。间歇机构磨损，造成牙排在停止或启动过程中发生抖动，也会影响模切精度。这种情况下一般只对定位精度产生影响，此时，应对间歇机构进行检修。

前、后定位摆架定位距离过小。因为链条本身长度有一定的误差，如果定位距离过小，则在前、后定位时不能消除链条误差，从而影响模切精度。此时应调整前定位摆架的调整螺杆或后定位摆架的凸轮位置，使前后定位架能拨动牙排 2~3mm 距离为宜。

上模切版或下模切版定位不准。机器长时间使用会造成模切版框或模切底板上的定位块磨损，从而使配合间隙过大而导致模切精度降低。此时应更换定位块。侧定位板磨损是造成侧定位不准的重要因素。由于定位的拨动量不足以弥补磨损良，因此会造成侧定位精度变差。此时应更换侧定位板。

叼纸牙压力太小或不均匀。如果叼纸牙的活动牙弹性由于长期使用而变小，则会造成纸张在传递过程中滑移或脱落，从而直接影响模切精度；叼纸牙之间压力不均匀则可能造成纸张在模切过程中的歪斜。此时应更换活动牙。另外，固定牙在水平高度上也应该一致，否则也有可能在叼纸时产生纸张碰撞或叼纸后纸张起皱，影响模切精度。

以上这几点主要是机械方面的因素，需要操作维护人员对机器做好保养，及时检查检修各部件，并更换磨损配件，以保证模切机械的最佳状态。

制版问题。如果在设计制版过程中出现问题，应该选择先进的制版方式，提高模切版的精度；或是校正模版，主要是印刷与模切的位置要对正。手工制版易出现偏差，可能会使印刷的位置与模切的位置不一致，必要时需要重新制作模版。

环境的影响。主要是纸板变形或伸张，造成"套印"不准，从而影响模切精度。尽量保证模切压痕与印刷在同一作业环境下进行或保证作业环境的同一性（即有相同的温度、湿度等）。对上光和覆膜的印张要进行模切预处理，尽量减少纸张变形对模切精度的影响。应选用合适的纸张，减少材料本身缺陷对模切精度的影响。

操作人员的影响。这包括从制版到印刷模切整个生产过程，要求操作人员严格按工艺流程进行操作，提高生产管理要求，必要时对操作人员进行专业技能的培训。

2. 模切散版与糊版

所谓散版，是指模切时废边与纸板散开而造成走纸不顺的现象。散版严重时会影响模切及纸板的传送，从而影响正常的生产。造成散版的主要原因是模切版制版工艺中的失误和弹性胶条（或海绵）的选择不当；同时，其他因素也可能造成散版。模切糊版是指纸板粘连在模切版上，不能及时分开。

制版的原因。制作模切版时，对形状复杂的产品或同一版上排列活件过多，而模切中设置的连点又很小、很少，很容易造成模切时散版。此时应适当增加连点数量，应尽量将活件长度方向与纸板传送方向保持一致。模切版上的弹性胶条（或海绵）太软，则不能顺利弹起纸板，也会造成散版。此时应选用硬度高、弹性好的优质弹性胶条（或海绵）；

平压模切中。压排启动太早也是造成散版的重要原因。模切后，当动平台下降时，虽然纸张已被弹性胶条（海绵）弹离刀线，但由于弹性胶条（海绵）一般高出刀线 2～3mm，此时如果叼纸牙排开始运动，则会由于弹性胶条（海绵）仍将纸板压在模切底板上而容易撕裂，造成散版。此时应松开间歇机构与主链轮轴的联结套进行调整，使动平台由上止点下降 10～15mm（纸张模切时控制在 7～8mm 左右）时，牙排开始运动；

材料的问题。如果纸板的纸质太差，纤维太短，则可能会在模切过程中出现散版。可以适当降低模切速度，在制版时要注意增加连点数量、产生糊版的原因主要是模切刀周围粘贴的弹性胶条过稀或硬度过小，回弹力不足；模切刀刃口不锋利，纸张过厚，引起夹刀或模切时粘刀。可根据模切刀的分布情况，选用不同硬度的海绵条并合理安排其位置或更换模切刀。

3. 模切时刃口不光滑、起毛

产生这种现象的主要原因与钢刀的质量和模切压力有关，主要有以下几种情况，可根据实际情况进行解决。

钢刀质量不良、刃口不锋利、模切适性差。这是造成刃口不光滑甚至起毛的重要原因。可根据被模切印刷品的不同性能选用钢刀，提高其模切适性，没有特殊要求的情况下，尽量选用横纹处理的钢刀。

钢刀刃口磨损严重，未及时更换。经常检查钢刀刃口的磨损情况，发现磨损以致影响模切质量时，及时更换新的钢刀。

模切压力调整时，钢刀处垫纸处理不当，造成模切压力不适，也会产生刃口不光滑或起毛的现象。可重新调整模切压力并更换垫纸，使压力符合模切要求，在更换钢刀时也要注意及时更换垫纸。

模切版制作不当。模切刀与弹性胶条（或海绵）的配套及安装不合规范，也会造成上述现象。弹性胶条（或海绵）的硬度要适宜，不同产品应选用不同硬度的弹性胶条（或海绵），同时，安放的位置及高度也必须符合规范。

刃口不光滑或起毛的产生，还与底钢板的平整度及机器压力有关。底钢板必须平整，必要时更换底钢板。

4. 爆线（暗线）

爆线是指产品在模切或成品折叠时，纸板受模切压力过大，超过了纸板纤维的承受极限，使压痕处纸板纤维断裂或部分断裂。暗线是指不应有的压痕线。这是模切中经常出现的问题，尤其是在天气干燥的情况下，经常发生。应根据具体情况具体分析。

模切压力过大。适当调整模切机的压力，使废边刚好分离即可。纸板厚度过大时，模切钢线的高度选择要合理，钢板下的垫纸要适当增减，以求得到最佳压力。折叠成型时，如纸板压痕外侧开裂，其原因是压痕过深或压痕宽度不够；若是纸板内侧开裂，则为模压压痕力过大，折叠太深。可适当减少钢线剪纸厚度；根据纸板厚度将压痕线加宽；适当减小模切机的压力；或改用高度稍低一些的钢线。

纸板的含水量低，导致纸张柔韧性下降变脆引起爆线。特别是经过高温磨光的纸张，模切时更易爆线。应加大车间环境的湿度或在模切前先把纸板放置在车间里调湿，也可用过水机给纸张背面过水，增加其含水量，使其变柔韧后，再上模切机。纸张的纤维方向与模切版排刀方向要尽量保持一致；

印刷品表面有大面积的深颜色实地，模切后易爆色、爆线。印刷时在深色墨中不加或少加油墨添加剂，以加强油墨在纸上的附着力，可减少爆色、爆线现象。切口掉下的纸粉积聚在槽中也会对生产造成影响。操作者应及时清除干净纸粉、异物等；

在模切硬盒烟包盒时，由于很多位置的压痕线之间距离很近，如果按正常情况配置压痕钢线的高度，模压时对纸张的拉力过大，也会造成爆线。因此，应设法把对纸张产生的拉力降到最小。如降低压痕钢线的高度或是减少压痕底模条的厚度，但两者不能同时使用，否则起不到很好的压痕效果。较好的方法是降低压痕钢线的高度，降低的高度通常为 0.1~0.2mm。根据纸张厚度确定具体降低多少。

5. 压痕线不规则

主要表现为压痕线跑动，原因分析如下：

钢线垫纸上的压痕槽留得太宽，纸板压痕时位置不定。要求在制作模版时压痕槽宽度要留合适；

钢线垫纸厚度不足，槽形角度不规范，出现多余的圆角。排除办法是及时更换钢线垫纸，增加钢线垫纸的厚度，修整槽角。

排刀、固刀紧度不合适。钢线太紧，底部不能同压板平面实现理想接触，压痕时易出现扭动；钢线太松，压痕时易左右窜动。制版时要求排刀固刀时其紧度应适宜，不能出现抖动现象，必要时更换模版。

模切压力不足会导致压痕不饱满。在保证工作正常的情况下，适当增加模切压力以改善此问题。

参 考 文 献

1. 潘杰. 印品整饰及装订技术 [M]. 北京：化学工业出版社，2011.
2. 沈国荣. 印后书刊装订工艺 [M]. 北京：印刷工业出版社，2012.
3. 沈国荣. 印后装订工艺及设备 [M]. 北京：印刷工业出版社，2014.
4. 唐万有. 印后加工技术 [M]. 北京：中国轻工业出版社，2016.
5. 李永强. 印后装订操作教程 [M]. 北京：印刷工业出版社，2012.
6. 许文才. 包装印刷与印后加工 [M]. 北京：中国轻工业出版社，2011.
7. 南静生. 印后加工技术 [M]. 北京：化学工业出版社，2010.
8. 马静君. 印后加工工艺及设备 [M]. 北京：印刷工业出版社，2010.
9. 张选生. 印后加工工艺与设备 [M]. 北京：印刷工业出版社，2011.
10. 唐万有. 印后加工技术 [M]. 北京：化学工业出版社，2010.
11. 李文育. 印后加工技术与设备 [M]. 北京：中国轻工业出版社，2010.